自然风小庭院：植物选择与搭配

（日）安藤洋子　监修

张　岚　译

李沐知　李忠宇　审校

北方联合出版传媒（集团）股份有限公司

辽宁科学技术出版社

沈阳

通往"小庭院"的一扇门

在这个都市化日新月异的时代，拥有一个属于自己的小庭院，打造一份属于自己的宁静天地，相信是很多家庭的梦想吧。

即使空间再小，请一定要在这样小巧别致的空间里种上几棵树！哪怕就在脚边种上一些草本植物作装饰也好！如此一来，我们的"小庭院"就诞生了。

如此这般的小庭院，也能送来大自然的气息，让我们能够领略到时间变换的乐趣。

小灌木丛的叶子和散落的枝条摇曳生姿，这是起风了吧！太阳透过植物的缝隙，在地面上留下斑斓的光影，这是太阳升起了吧！秋蝉或树蛙，甚至有时候壁虎也会来做客，不亦乐乎了吧！

每个春天，枝条上会冒出新鲜的绿芽。万物复苏的奇迹每年都会周而复始。多年生草本植物的嫩芽萌生，树木的花朵接踵而至。到了6月份，华丽的月季花也将粉墨登场。

每个夏天，绿叶更加茂密，好像每一棵树都在讴歌生命的伟大。得益于由这片伟大的生命构建的小庭院，我们的居住空间自然而然地避开了太阳直射带来的酷暑。

每个秋天，树上出现了红叶、红绿相间的叶子，还有坚果和刺玫果。

每个冬天，枝条上的叶子已经掉光了，温柔的阳光洒落在庭院里。飘雪的清晨，雪精灵好像就站在树枝上向我们问好。这是一幅多么美妙的画面啊！

　　如此，这片时而安静时而灵动的小庭院，经历着草木四季、日月转换。

　　本书由四部分构成。

　　第一部分，介绍利用小空间建造的庭院案例。每款庭院都通过各自的风格展示着大自然的美好，洋溢着妙趣横生的庭院生活。毫无疑问，这样的庭院让街道的景观更加美好。以多年生草本植物为中心的花木栽培，能自由自在地延展开来，把庭院装扮得自然得体。各位读者无须完全效仿，只要参考植物色彩以及植物形状的搭配方式即可。第二部分，介绍搭建风格自然的庭院的窍门。第三部分，介绍花草栽培的基础知识。第四部分，介绍植物的基本信息。

　　在高大的树木之下是灌木，再配以多年生草本植物，这样可以体现最接近自然风景的庭院景观。如果其中有您非常中意的角落，那么游览庭院的乐趣必然更胜一筹。

安藤洋子

目录

第三章　Part 3

培育植物的基本知识

第四章　Part 4

适用于小庭院的植物图鉴

摄　　影：田中强
摄影协助：北川原久美子
摄像协助：安藤造园　带川阳子　北川原久美子　HARUHARA IZUMI
　　　　　龙泽正德　田中利重　长岛敬子　桥诘育惠　KOGAWA TOSHIKO
　　　　　古田英子　矢泽纯子
设　　计：玉井真琴
插　　图：宝代泉
原稿执笔：田中强
编辑制作：童　梦

本书使用方法

第一章 Part 1

种植搭配实际案例 83

介绍庭院的实例。利用照片解说庭院种植的组合方法以及植物的利用方式。

要点
介绍这款庭院构成的要点、特征等。

植物栽培图
庭院的植物栽培图。数字与各照片相对应，箭头的方向用于表示角度。

庭院信息
从上面开始，分别是地点、名称、庭院完成年份、及种植的主要植被草、花草、树木等。

第二章 Part 2

搭建小庭院的窍门

介绍色彩组合的思路以及植物的种类区分、考虑种植时所需的必要基本知识。

第三章 Part 3

培育植物的基本知识

解说培土、种植方法等管理植物所必需的栽培基础知识。浅显易懂地介绍各种花草树木。

第四章 Part 4

适用于小庭院的植物图鉴介绍

植物图鉴。其中包含植物信息、特征、栽培要点等内容。

[低木，藤蔓植物，高木，中高树]

美国鼠刺 落叶
虎耳草科 鼠刺属
DATA
树高▶1～1.5m 花期▶5～6月
花色▶白色 用途▶景观树 修剪▶12月至翌年2月
特征 原产于北美的落叶灌木。枝头自着多小白花，集结成花穗，与明亮的绿叶一起各缀庭院。花朵有香气。秋季展现出美丽的红叶。
栽培 可以在向阳处至半日阴环境中生长。耐寒性强，但不耐暑。萌芽力强、耐修剪。如果喜爱其自然树姿，则无需修剪。只要定期剪掉徒长枝或交错枝即可。

数据（DATA）
树高(垂吊长度)：描述庭院所需树的高度、垂吊长度。括号内记载自然状态下乔木、中等木的高度。
花期：介绍开花时间。
花色：介绍各品种的花色。
用途：分门别类地对庭院内的树木、庇荫树木、景观树木等进行介绍。
剪枝：描述适合剪枝的时间。

特征·栽培
解说植物的特征及栽培时的注意事项。

科目·属名
植物分类学上的科属名称。如果有其他属名，则在括号中表示。

植物名·种类
记载常用名，别名在括号中表示。名称旁边有落叶木、常绿木等标签提示。

数据 DATA
草幅：表示高度。
花期：介绍开花时间。
花色(叶色)：介绍各品种的花色和叶子颜色。
日照：表示适宜该植物生长的日照。

[宿根草·多年草、一年草]

荷包牡丹 茂盛
罂粟科 荷包牡丹属
DATA
草高▶40～60cm 花期▶4～5月
花色▶深粉色、白色 日照▶半日阴
特征 原产于中国东北部至朝鲜半岛的多年生草本植物，茎的顶端或上面的心枝会伸出纤长的花茎，然后结出一排可爱的心形花朵。夏季结束以后，地面上的部分枯萎并进入休眠期。次年春季同次萌芽。
栽培 耐寒性强，易于栽培的草花。但是不耐暑和干旱，适合种在落叶树下等通风良好的、明亮的日阴处。在半日阴的场所也能生长发育。

植物名·种类
记载常用名，别名在括号中表示。名称旁边有该植物扩展方式类型的标签提示。

科目·属名
植物分类学上的科属名称。如果有其他属名，则在括号中表示。

特征·栽培
解说植物的特征及栽培时的注意事项。

※花期或剪枝时间，以日本关东以西地区的温暖环境为基准，会因地区、当年气候有所差别。

Part 1

第一章

种植搭配实际案例 83

在这个章节中，通过实际案例介绍搭建庭院的重点。放眼望去，一定有能让你怦然心动的风景。以多年生草本植物和低矮灌木为中心的庭院，不仅能使人感受到四季交替，还能拥有纯天然的遮阴帘。

让色彩纷呈的花草
点缀每一个小角落

玄关前（P68 **2** 等）

大多数家庭的玄关前都覆盖着鹅卵石或瓷砖，这样虽然便于日常行走，但也不得不说略显沉闷。这样的地方，可以选择盆栽植物来构造华丽的视觉效果。

我们所说的植物栽培空间，并非小花坛那么简单。如果我们仔细观察庭院，就会在很多狭小的空间里找到植物秘密生长的地方。树荫也好，庇荫也好，只要选对了植物，就能在庭院中搭建出生机盎然、自然气息浓厚的氛围。从第 10 页开始，介绍灵活运用小空间种植美丽植物的庭院实例。模仿这样的植物组合以及色彩搭配，来一起设计自己的庭院吧！

树荫（P39 **3** 等）

基本上应该从耐阴植物中进行选择，然后进一步考虑和树木的协调性。选择搭配一些天竺葵等植物，色彩会更丰富。

停车场（P30 **1** 等）

大多数的情况下，停车场里能栽培植物的空间非常有限，但只要有些许植物，整个停车场给人的感觉就会截然不同。如果栽培空间不足，可以用盆栽来装饰。

与物体之间的界限（P40 **5** 等）

如果已经有了小屏障或界石等，可以用草皮或宿根植物来遮挡。这样，能让植物与物体更加具有整体感，也更加美观。

庇荫空间（P30 **2** 等）

在日照时间较短的庇荫地点，应该选择紫兰或玉簪等在庇荫空间也能存活的植物。能在山野树下生长的植物，就很适合种植在这种地方。

栅栏（P54 **2** 等）

即使种植空间非常小，也可以运用栅栏等道具扩大植物伸展的空间，打造立体色彩氛围。如果种植藤本植物，还可以顺势引导其生长方向。

小通道（P57 **10** 等）

如果没有花坛等专门的种植空间，就可以考虑利用通道两侧的空间。用草皮在大地上涂满绿色，然后一边斟酌色彩的和谐，一边选择中意的植物。

要点

乐享天然的庭院 尽管庇荫，仍然能

- 想象一片灌木林，享受林地矮树丛。
- 在庇荫庭院中，适者生存。
- 对矮树丛的叶片形状和颜色有所选择，搭配富有层次感的绿地。

从玄关就能看见庭院的全景。早在改造庭院之前，中间的扶手就存在了，作为对过去时光的纪念物被留下来。灌木形成了一片树荫，所以庭院里大部分区域是庇荫区。（→P13 ③ ）

长野市　北川原家

完成
2006年

矮树丛
筋骨草、风露草等

草花
蚊子草、山野草等

树木
垂丝卫矛、四照花、天女木兰等

固定植物营造的"叶坛"层次感

从一开始，北川原先生就按照灌木林的思路来设计庭院，所以现在在庭院的大部分区域都是庇荫区，而阳光斑斓处的花草也都快乐地生长着。

"最初构建庭院的时候，是以白色花朵为基调精心搭配了叶子的色调和形状。现在，灌木的枝条不断伸展，让园子的大半部分都变成了半庇荫区与庇荫区。自然而然，只有那些能适应环境的花草才能在花坛里落户。现在，花朵反而变得很少，与其称之为花坛，还不如称之为叶坛呢！"

选择叶子的色调与形状，是为了构建绿色的层次。特别让北川原先生心仪的事情，就是从客厅向庭院里眺望了。透过客厅窗户看见的景色，真的宛如大自然中的一片灌木林，灌木下面绽放着各色草花，还有那些秋天变红的叶子，无不让人感受到季节变换。另外，身处被灌木林环绕的小庭院里，竟然完全可以忽略外面的现实，尽可享受"大隐隐于市"的惬意。

种植草花的地方，基本都是灌木下面的小空间。虽然每一个小空间里只有小棵的植物，但累计起来的植物种类也非常丰富。所以，不同叶片之间微妙的色差和形状差异，竟然无形当中让景色变得丰富多彩。

"看起来好像种了很多花草，但其实为了不让灌木下面生出多余的矮树丛，也确实花费了一番功夫。但我觉得这正是小庭院内的乐趣所在。如果能顺利地把某种植物迁移到园子的另一个角落去，那种成就感和喜悦真的无法比拟。"

面对这样一个由宿根植物和多年生草本植物构成的院落，需要费心关照的只有"摘掉蔓延得太厉害的部分"而已，并没有很劳神。但其实即使在同一个庭院中，也有可能无法成功地移种植物。这种时候虽然不需要勉强操作，但请千万不要放弃，再耐心地试试看吧。

三桠

知风草

蚊子草

从木质露台眺望过来，小庭院笼罩在郁郁葱葱的树荫中。宁静的绿叶代替繁花，茂盛地生长着。

春

1 沿着房子的围墙

只有在上午，阳光才能照射到大门旁边的植物。春季，雪花莲、郁金香、圣诞蔷薇绽放，反瓣虾脊兰、八角莲、黄精、报春草、宝珠草、山芍药等贵重的山野草郁郁葱葱。到了初夏，宝珠草也开始开花。秋季，山杜鹃露出花苞，吊钟花的颜色也渐渐浓郁。

夏

宝珠草

金线草

吊钟花

山杜鹃

肺草属

秋

垂丝卫矛

山紫阳花

宝铎草

八角莲

山荷叶

圣诞蔷薇

夏天最常见的花只有山绣球花。大部分叶子形状独特的植物都是山野草。

初夏

天女木兰

秋

蕾芬（珊瑚珠）

西南卫矛

2 用盆栽调剂玄关前的色彩

门口摆放着一盆正在养生期的天女木兰。作为宿根植物，蕾芬每年到秋天会结果实。选择花盆色调的时候，请尽量选择能跟庭院及周围环境融合在一起的颜色。

槭树

荚蒾

鹅耳枥

冬青

3 **分蘖树木形成的天然屏障**

作为点睛之笔，槭树、假绣球等树木骄傲而挺拔，俯瞰着庭院的全景，分蘖而立的姿态也正好挡住了从外面窥探的视线。

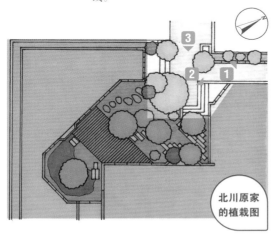

北川原家的植栽图

鹅耳枥

筋骨草

圣诞蔷薇

庭院主要部分要比道路略高一些。从正门到树荫下，生长着圣诞蔷薇和筋骨草，无一不在宣告春天的来临。

4 简单分蘖的树木与矮树丛

台阶两层的灌木有假绣球树和小叶桉。这两种树都会在春季开出白色的花朵，也会在秋季呈现出红叶。分蘖而立的树木枝干纤细，也并不缺少蓬松感。

主要的矮树丛是筋骨草、头篷草和狐狸兰。每一种花朵都很低调，叶片的形状和颜色也正好能搭配出层次。每当季节变化，就能观赏到植物变化的乐趣。

5 庭院全景

从2楼眺望过来，就能感受到整个庭院被笼罩在树荫下的效果。大体上都是落叶树，季节变换的过程中能充分体验到绿"叶"成荫和"红叶"尽染的风景。

初夏

秋

6 用石头铺出庭院的留白

北川原先生非常喜欢从起居室眺望庭院。用大谷石在庭院中铺出留白，让庭院的树木、四季的变化更加醒目。

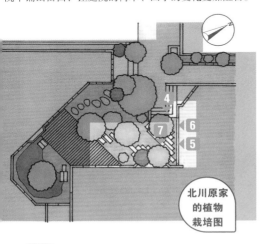

北川原家
的植物
栽培图

矾根

薄荷

小月季

7 在没有土的地方集中种植

北侧的园子一角，种植了薄荷、矾根、小月季作为装饰。这里的植物也特意强调了叶片颜色和形状的变化。后面搭配的老古董和植物的平衡也搭配得非常和谐。

春

花坛里的植物多为耐阴植物，种类繁多。春季发芽的宿根植物和夏季开始繁茂的多年生草本植物聚集在一起。植物的种类丰富，叶片的颜色和形状搭配出了一片深深浅浅的宜人景观。

初夏

秋

玉簪

叶片宽大。有很多品种，各自的叶片颜色有所不同。

天女木兰

开白色的花朵。在大自然中多在林荫下避阳生长。

藿香蓟

一年生草本植物。照片中是叶片呈铜黄色的褐色藿香蓟。

双叶银莲花

多年生草本植物，其特征是可爱的小白花和叶片。

从上面观赏夏季植物，能观察到每一种叶片的形状和颜色各有千秋。

春

蚊子草（白花）

初夏

败酱草（白花）

玉簪

金线草

鸭跖草

9 选择叶片的形状和颜色

叶子会裂开的蚊子草（白花）、叶子是青色心形的玉簪、叶子纤细的鸭跖草（白花）……即使只有绿色，也能通过叶子的颜色与形状组合出精彩纷呈的风景。

10 知风草

春季刚刚冒出新芽的知风草，到了初夏就能长得郁郁葱葱。从夏季到秋季这段时间，叶片的颜色会越来越浓重；接近冬天的时候，叶子会变成黄色。

春

初夏

秋

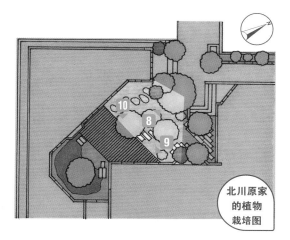

10

8

9

北川原家
的植物
栽培图

初夏

秋

11 秋季盛开的花朵

大吴风草是秋季开黄花的多年生草本植物，能耐阴生长，叶片宽阔，呈有光泽的深绿色。

12 用落叶树调整日照方向

站在木质露台上，能看到一片小小灌木林的风景。秋霜染红树叶，庭院落满了一片缤纷。落叶树能在夏季遮挡强烈的日照，也能在秋、冬把阳光引进来，让庭院温暖明亮。

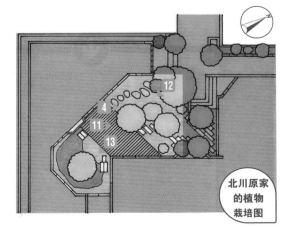

北川原家的植物栽培图

13 点睛树木和矮树丛的组合

四照花树位于庭院深处，站立在墙壁围绕的角落里，枝繁叶茂，俨然是庭院的点睛之笔。这里种植了很多耐阴植物，是北川原先生的钟爱之处。

右侧以耐阴性比较强并且生长旺盛的植物为中心来栽培。这里也刻意对叶片的形状差异进行了搭配。

玉簪

西洋石楠花

血水草　　知风草　　双叶银莲花

血水草　　黄水枝

左侧屋檐下，心形叶片的血水草已经开始萌芽，黄水枝会开出穗状花朵。

14 地被植物

通道的地面被苔藓覆盖，几乎看不到暴露在外面的土壤。植物与踏脚石之间的界限不明显，自然而然地交错在一起。苔藓提供了清凉而明亮的绿色。

空间的庭院充分利用了延展

- 在庭院中确保没有植物的区间，体现空间延展性。
- 铺设踏脚石，避免矮树丛生。
- 在色彩朴素的植物中间，种植色彩鲜艳的植物能起到画龙点睛的作用。

上田市　带川家

完成
2002年（2014年改建）
矮树丛
野草莓、双叶银莲花等
草花
玉簪、蕾丝花等
树木
月季、白木乌桕等

小路上的植栽以白色为主，用浅粉色、蓝色调和色调。

用踏脚石勾勒出庭院的留白

带川先生把房屋的外墙重新刷成了黑色。黑色不仅突出了庭院的格调，也让房屋和庭院形成了鲜明的对比。

庭院最中间的位置上，摆设了大谷石材的踏脚石。这块提前预留的没有植物的区域，在增强庭院进深空间感的同时，也调和了有植物与无植物区域之间的平衡。除此之外，踏脚石在一片茵茵绿色中规划出人行走的路线，也起到盖住泥土、抑制矮树丛的作用。

大谷石材的踏脚石，让带川先生家庭院的留白区域散发出古色古香的氛围，是整个庭院不可缺少的一部分。

"虽然看起来平淡无奇，但是春夏之间是这个小院子最繁荣的季节。每到这个时候，我在院子里的时间比平时更长。安安静静地看着鲜花盛开，真是让人享受的乐事啊！"

庭院的植物以绿色为主，其他花色分别为白色、蓝色、紫色、浅粉等朴素的色彩。偶尔出现一些色彩鲜艳的花朵，像一笔重彩点亮了整个庭院。

"因为大多是浅色花朵，所以特意在小径深处种了名为苔藓月季（Moss rose）的深红月季花来搭配。可惜今年被月季叶蜂咬了，没开花。"

带川先生家的月季，多数种在树荫下或半日阴的地方，有时纤弱的植株会发生病虫害。但也正因为生长在半日阴下，纤弱的植株和花朵随风摇曳，给人一种很温柔的感觉。

栽培植物的区间里，种植了很多种类不同、叶形各异的矮树丛，形成了错落有致的植被。春季的萌芽、夏季的嫩绿、秋季的红叶、冬季的枯枝，每一个季节都能享受到庭院的缤纷。

大果山胡椒

矾根

玉簪

白木乌桕

大谷石材的踏脚石构成了留白空间，增强庭院进深空间感。

红山紫茎

月季 / 冰山月季

月季 / 传统月季

1 东侧小径

东侧小径的日照时间略短，显得有点儿暗，栽培淡色系花朵，让整体的光亮度得以提升。栽种若干色彩浓郁的花朵，成为小径里的亮点。把住宅外面的树木也容纳进来，呈现一片延延绵绵的花坛景色。

矢车菊

大星芹

百里香

蕾丝花

搭配的基本都是浅色系的宿根草。以白色为基础，配以淡粉色、更淡的粉色、深紫色等，整体层次清晰，给人带来舒服的感觉。旁边的鱼腥草是自然生长出来的。

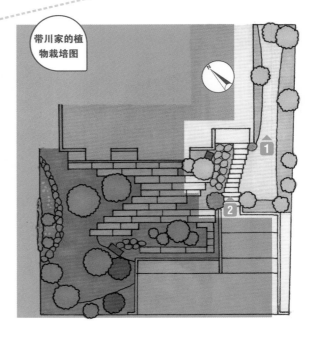

带川家的植物栽培图

初春

初夏

2 玄关通道的植物栽培

这里经常人来人往，所以要对植物的数量有所控制。初春的时候，野草莓和黑种草还只有几株而已，到了夏天就已经繁茂成一片了。因为有踏脚石，所以它们并不会蔓延过度。

黑种草

橐吾属

野草莓

连接玄关的地方，还有一点儿绿植空间。因为盆栽的位置可以随意调整，所以最适合用来装饰玄关周围的狭小空间。

黄栌

玉簪

蕾丝花

玄关侧面，设立了一处便于使用的立式供水栓。为了构建出建筑物与庭院的整体感，利用黄栌营造进深空间。再用盆栽玉簪的绿色，填补绿色断档的空白处。

初春

初夏

白棣棠花

玉簪

野草莓

秋

3 立式供水栓周围的植物

在枕木制作的供水栓周围，都是带川先生中意的各种小植物。在这一片小小的空间里，四季交叠出各自精彩的风景。初春的萌芽，在夏天变成郁郁葱葱的嫩苗，又在秋季成长为优雅的黄叶。

矾根
绿色中的点睛叶色。品种繁多，叶色各异。

在一片野草莓和宝珠草中，叶片长长的紫兰也羞涩地露出了面孔，加以叶色不同的玉簪作点缀。

玉簪
叶片边缘呈蓝青色，叶片宽大，存在感强烈。

紫兰
细长的叶片和紫色的小花搭配，充满立体感。

野草莓
叶片颜色亮丽，也可用来作为绿色植被。

宝珠草
与其说是观赏花草，不如说更具备绿色植被的价值。秋季的叶子会变黄。

4 簇拥在踏脚石周围的植物

从玄关里面向外望，就能发现庭院里的草并不多。但是地面与踏脚石之间生长的野草莓，把周围的空间拼凑在一起，调和出一片有整体感的庭院。

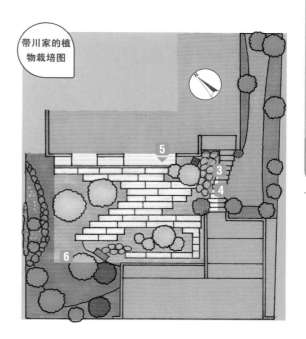

带川家的植物栽培图

野草莓

5 起居室窗前景色

站在起居室的落地窗前，能看到院子里的踏脚石和各种花草树木错落有致地排列在一起。这种安宁的气氛和丰富的植群令人心旷神怡。这里，也是带川先生最中意的地方之一。

6 随心所欲的长椅

坐在院子里的长椅上欣赏庭院的全景，宛如身处灌木林当中。柔和宁静的庭院，给我们带来静谧的时光。

7 起居室前的小灌木林

大果山胡椒会在春季开出黄色小花朵，树下的小草会在初夏萌发新绿。当秋季到来，大果山胡椒的叶子变黄，乌桕的叶子却会变红。特别是乌桕的枝干很别致，即使叶子掉光也别有韵味。

春季里，筋骨草、野草莓刚刚生出几枚叶子。初夏的时候，小灌木美国鼠刺开始盛开，玉簪、双叶银莲花、矾根等宿根草已经自然而然地生机勃发了。这是一片让人百看不厌的绿色。

8 主要的植株

月季的叶片颜色、花朵形状都很精致，现在也是人气花卉之一。如果平行着引导枝条，就能在丰富空间的同时，提高开花率。虽然刚入春的时候树下还没有小草发芽，但是夏季到来之际，小草就会像刚刚从地里苏醒似的一起冒出头来。

初春

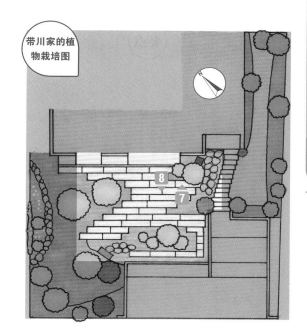

带川家的植物栽培图

初夏

四照花

月季

白绣球花

黄色月季花，就自由地生长在树荫下。花朵小巧玲珑，与黄绿色的白绣球花非常协调，是带川先生的心头肉。

下面的矮树丛，都是些有一定高度的种类。例如毛缕剪秋罗、紫斑风铃草，还有下面的心形牛舌草等地被类植物。它们组合在一起营造出立体感十足的小场景。不同的叶片颜色，让绿色层次分明。

毛缕剪秋罗
紫斑风铃草
心形牛舌草

要点

建鲜花盛开的庭院
在有限的空间里搭

· 设计植物与小装饰组合的时候，考虑到与建筑物之间的平衡。
· 以粉色、白色为基调，营造统一的花色风格。
· 以宿根草为中心，奏响植物栽培的浪漫曲调。

上田市　古川家

完成
1994年（1999年改建）

矮树丛
黑龙、宝珠草等

草花
玉簪、棉毛水苏等

树木
月季、白绣球花等

小屋前面的狭小空间里，种植着很多植物（→P32 **5**）

用平淡无奇的植物，让狭小的庭院灵动起来

"开始的时候，庭院和建筑物之间有一条又细又长的通道。我就想着种些灌木来调和一下，只要从房间里看出来的景色让人安心就好了。我希望不要花费太多时间，搭建一个低维护成本的庭院。"

灌木在庭院里生长了几年以后，又在停车场后面搭建了一栋小屋。为了适应这狭小的空间，小屋只有单侧的屋檐。

古川先生的庭院大概有33平方米，能用来种植物的空间更是有限。主要的植株种类是月季，古典月季、英格兰月季等几种月季花镶嵌在灌木当中，基本上就呈现出了自然景观的清新风貌。选择其他种植花草的时候，特意搭配了与月季相匹配的黑龙、矾根、棉毛水苏等。

"因为院子小，所以基本都选择了长不大的品种。不需要太多的花朵，也不需要花朵特别引人注目。所以，都是些低调的植物。"

对于所有的庭院都是如此：在日照时间和空间条件受限的时候，一定要选择能适应这种环境的植物。古川先生家庭院的东侧是树荫区，所以选择了玉簪这种半日阴也能生长的植物。为了不抢月季花的风头，小屋前面也都是些不招摇的花朵。这个小庭院里，花草决定了主导植物的种类，精心安排下，各种植株之间此起彼伏。

"平时，会一边想着什么样的庭院才会让人感到舒服，一边在庭院里漫步。虽然空间狭小，但是很享受构思如何选择植物、如何搭配小物件、如何保持建筑物与庭院平衡的过程。"

四照花

青冈栎

槭树

宝珠草

玉簪

起居室前面的庭院里，搭配着和谐的落叶树和常绿树。秋季的时候层林尽染，非常美观。

初春

1 停车场空间

通道与停车场兼用，空间宽阔。在有限的种植空间里，可以看见若干灌木和花草。庭院的整体感很强，能一年四季享受植物的变化。

水榆花楸

初夏

鹅耳枥

针栎

秋

停车场的空地上布置了盆栽月季等，让水泥空间也变得柔软了一些。花盆下面垫了有韵味的木板，正好与小屋的台阶取齐。

白绣球花

毛缕剪秋罗

玉簪

筋骨草

2 半日阴的植物栽培

白绣球花、玉簪等，都是适合在树荫或半日阴环境中生长的植物。有点阴暗的空间里，应该刻意搭配明亮的绿色来调和色彩。叶子的颜色、形状的变化、高度的不同，这些组合在一起，显得很有立体感。

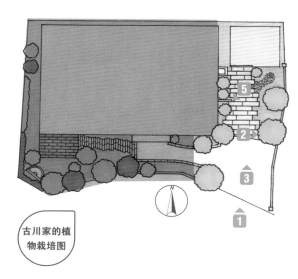

古川家的植
物栽培图

3 **通往小屋的通道**

这里开满了月季等各色花卉。
小屋前面，伸展出一条由大谷
石铺出的曲线小路，优雅的线
条带来一种更加广阔的感觉。
也正因为不是一条笔直的道
路，反而让人更加期待前面庭
院的景色。这里也是古川先生
非常喜欢的地方。

月季/瑞伯特尔

单季盛开，枝条柔软，易
于引导。

铁线莲

浓厚的胭脂色，随着花朵的
绽放，青蓝色会渐渐变成紫
色。

月季/芭蕾舞女

四季开放，单层花瓣。可以
引导到栅栏或墙面上。

筋骨草

叶片是深紫色的，常被用来
作地被。

4 **利用墙面实现立体栽培**

让粉色的月季花开满木质栅栏，然
后再把月季花引导到墙面上来。
虽然这里没有土，但可以用瓦罐栽
培。从远处看去，就像一位亭亭玉
立的芭蕾舞演员。

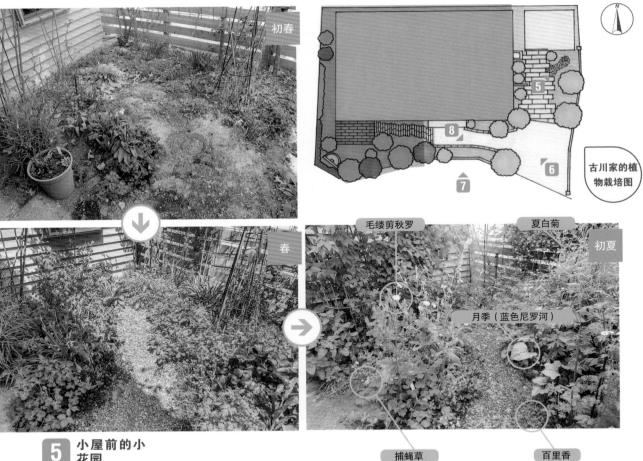

初春

毛缕剪秋罗

夏白菊

初夏

月季（蓝色尼罗河）

古川家的植物栽培图

春

捕蝇草

百里香

5 **小屋前的小花园**

小屋前面的方寸之地，种植了大量植物。初春的时候还略显荒芜，春夏交替以后，繁茂的枝叶会把土地完全盖在下面。

6 **纵向延展的植株方向**

在通往玄关的石头花坛里，种着一些灌木，都是秋季会变红的品种。高高的树木下是低矮的灌木，脚边还有草花盛开的纵向空间。与通道相比，这里的层次感更丰富一些。

8 玄关外面的石头花坛

玄关前面是半日阴的区域，能攀爬到外墙上去的月季花就种在这里。还有一些风露草等适宜在半日阴环境中生长的花草，与陶罐和小装饰品交错在一起。这样的空间，可以根据自家庭院的风格、家庭氛围来整体构思。

7 外景植物也同样色彩缤纷

庭院外面，就是留给路人欣赏的景色了。地锦和月季都是手工引导到外墙上来的。这些植物与四季一起温柔地拥抱着硬体墙面，每个季节都有各自不同的生动表情。

初春

四照花

槭树

初夏

春

秋

9 起居室前面的灌木林

西侧是灌木林小院子。在叶片凋零的季节，阳光能直射到房间里。但是在阳光强烈的夏季，繁茂的枝叶恰好能起到遮阴避暑的作用。秋季欣赏红叶，也是赏心悦目的体验。通道上的砖头踏脚石，是古川先生亲手铺设的。

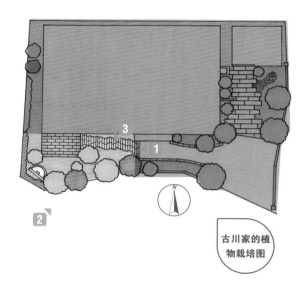

古川家的植
物栽培图

10 屏风一样的树木

我们可以清晰地看到，这里不仅有落叶树，还有常绿树。落叶树的叶片脱落以后，阳光能恰到好处地照进房间里。常绿树则始终能遮挡住路人向房间里窥探的目光。作为一面"屏风"，可以说非常实用了。

11 半日阴下面的矮树丛

树荫下面，有玉簪、宝珠草等耐阴草花。春季的时候尚且能看到的零星土壤，到了夏季就会被完全覆盖住。

春

秋

初夏

玉簪

宝珠草

玉簪

要点

绿树成荫的庭院 宛如灌木林一样

- 数量有限的花草以及茁壮挺拔的树木，忠实地演绎出大自然的风貌。
- 精心选择了各个季节都能开放的花卉。
- 新栽培的花草，在花盆里熠熠生辉。

被树木包围的大谷石的方法是冷静的气氛。初夏，笼罩在围栏上的玫瑰的弗兰索瓦·朱兰比尔显得格外美丽。（→P40**5**）

上田市　安藤家

完成
1995年

矮树丛
淫羊藿、风露草等

草花
月季、紫斑风铃草等

树木
白木兰、山毛榉等

用灌木和草花演绎小小自然

以灌木为主的庭院里充满了浓妆淡抹的绿色，隐约看到娇羞的草花在树荫下洋溢着温馨的气息。

"我喜欢山野草。因为想在庭院里再现出灌木林和野草搭配的景色，所以尽量保持了植物原有的风貌。选择花卉的时候，也尽量挑选了能让人耳目一新的品种。"

安藤先生的庭院以宿根草为中心，很少有那种会让人感到惊艳的花卉。但是，无论哪个季节，都会有鲜花盛开。就算花朵凋谢了，也还有绿意盎然的树木装扮庭院。

宿根草自然繁殖而成的庭院，完全看不到刻意雕琢的痕迹，整个氛围自然而优雅。而从每年翻种的花坛里，就能鲜明地看出主人的喜好，自然感相对弱一些。

"虽然种了很多很多的草花，但有的枯萎，有的留了下来。花草都是一岁一枯荣的植物啊！其实小小的院子，也就是一个小小的宇宙！"

安藤先生家庭院里的草花，基本上都生根繁殖了很多年，并没有多少新栽种的品种。如果迎来新品种，开始的时候也一定是种在花盆里的。通常不会被搬来搬去的那些草花，在这里也并不会显得突兀。

"喜欢的种类总会变来变去，最近比较喜欢蓝色系的花。还越来越想挑战不好成活的山野草呢。"

庭院，其实与大自然不尽相同。只要加以时间和精力，就能搭建出我们自家生活的一部分——庭院。在自然风情浓郁的院子里，我们既能静待花开，也可安享叶落，尽情感受四季不同的魅力。如果能摆放几个玻璃制卡通人物，就能进一步突出植物魅力，营造可爱的自然风光了。（P42**8**）

四照花

白木兰

月季 / 冰山月季

月季 / 紫玉

风露草（白花）

珍珠菜

灌木下面的月季和矮树丛都很茂盛，郁郁葱葱，宛若小小森林。

金森女贞

地锦

1 用常绿灌木当屏风

在车来车往的马路边，常绿的金森女贞树丛兼具防噪声和防窥探的作用。脚边种植了常青藤，植物构造紧凑，遮盖住了所有土壤。

2 东侧石头花坛里的植株

从东侧外墙看进来，有一个低矮的石头花坛。这里种植着四照花和冬青等树木，还有一些常绿的地被植物，例如蔓长春花、百里香等。即使在冬天，常绿植物的叶片也能保持茵茵绿色，再加上春夏之际落叶木开始茂盛，庭院里总有生生不息的活力。

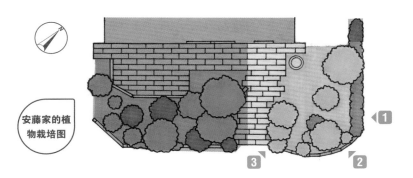

安藤家的植物栽培图

初春

冬青

四照花

百里香 蔓长春花

初夏

野决明

紫斑风铃草

春

秋

月季 / 冰山月季

白木兰

月季 / 紫玉

3 **点点月季花的富贵华丽**

通道侧面的植株里，高大挺拔的玉铃花最为引人注目。虽然空间狭小，而且是半日阴区域，但是高大的树干依然勾勒出大自然的线条。穿插在枝条当中的月季，是斑斑点点的风情万种。

树荫下是紫斑风铃草，风露草的叶子和灌木的叶子已经形成了浓厚的层次感。紫斑风铃草是自然生长的，并没有刻意种植。

大字杜鹃

早春开花的落叶灌木，掌形叶。

紫斑风铃草

多年生草本植物，花朵像风铃一样娇羞地低着头。

风露草（白花）

不同品种有不同花期的多年生草本植物，大多数品种的叶片会裂开。

039

4 玄关的通道

通向玄关的通道上，铺了大谷石材质的踏脚石。两边茂密的绿色植物让小院浑然一体。因为种植空间里的植物种类基本不会改变，所以用盆栽植物来响应季节交替。

秋

初夏

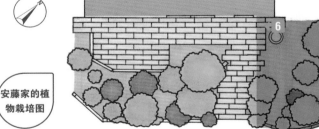

安藤家的植物栽培图

5 缠绕在栅栏上的月季

把月季花诱导到栅栏上，每年都开出粉色的花朵。栅栏下面是牛至等草本植物，在栅栏的网眼里攀来爬去，妙趣横生。

月季 / 弗朗索瓦

牛至

宿根亚

初春

初夏

山毛榉

风露草

淫羊藿

春

秋

山毛榉下面的树荫里，基本上都是风露草和淫羊藿。春季的时候，淫羊藿的叶片是红色的，到了夏季变绿，秋季再次变红。山毛榉的白色树皮映衬在矮树的绿色后面，整洁清爽。

6 阳光斑斓的庭院

灌木和大谷石奠定了庭院的基本格调，基本所有的植株都生长在半日阴的区域里。只要选对了合适的矮树品种，它们就能年复一年自然枯荣。而那些无法适应环境的植物，就只能自生自灭了。阳光透过树枝，在矮树丛上投下斑斓的树影。即使不加管理，矮树丛也不会泛滥。

7 种植空间与生活空间的平衡

西侧可以纵观庭院全景。铺了大谷石的部分是留白，让庭院有了一种沉静的气息。种植空间与生活空间相对独立，庭院整体比例和谐。

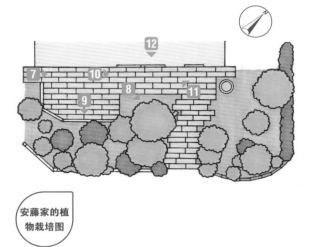

安藤家的植物栽培图

初春

秋

初夏

旧邮筒

山毛榉

白棣棠花

玻璃浮标

玉簪

越前烧的水缸

8 装饰品与植株

庭院里的小装饰品和植株能相互衬托。越前烧（日本六大古窑之一）的水缸、玻璃浮标和废旧邮筒，被安放在山毛榉、白棣棠花、薹草的间隙里。每一眼都是值得凝望的小风景。

9 栅栏内侧盛开的三色堇

西侧的区域，被树木和栅栏遮挡，几乎终日不见阳光。春季种植的三色堇几乎都面朝一个方向绽放。其他矮树丛大多很难在这种环境中开花。

10 焦点——水缸

从西往东看，水缸一定是能吸引你目光的物件。这个水缸不仅能吸引眼球，还能在浇灌院子的时候起很大作用。

春

初夏

玉簪

知风草

11 窗边的一抹绿色

建筑物与庭院交接的地方，用盆栽植物来过渡。玉簪、知风草等都是主人中意的品种，就摆放在最需要它们的地方吧。安藤先生为了搭配绿色的层次感，特意在叶片形状、颜色方面进行了多方考虑。

12 从室内观景

从房间里看过来，能欣赏到春季的萌芽、夏季的繁茂、秋季的落叶，从而感知季节交叠。从室内观景，也是安藤先生的乐趣之一。

要点

自然播种静待花开的庭院

- 接近免维护的程度，最小限度地种植与栽培。
- 享受自然播种及群生植物的乐趣。
- 以白色花朵为中心，色调统一。

上田市　古田家

完成
2009年

矮树丛
风露草、薰衣草等

草花
波斯菊、雏菊等

树木
唐棣、四照花等

初夏，古田家的紫藤花、薰衣草盛开，波斯菊也开始成长。

顺其自然的低成本维护庭院

古田先生的庭院树木，多为落叶树。每当春季，干枯的枝条上又萌生出嫩绿的小叶子时，就能感受到季节色彩的转变。

虽然从冬季到初春这段时间，院子里基本没有草花，但是春、夏、秋三个季节，院子里都是生机盎然的景色。

"我喜欢白色的花，春季里园子里白鹃梅、唐棣的花全部开放，满园春意扑面。一边赏花一边跟花聊天，是件很有趣的事情。夏季里的小雏菊和风露草，秋季里的波斯菊，都是独当一面的调色好手。冬季一来，叶子都落了，但是白雪皑皑的枝条就好像戴了顶棉帽子一样，从房间里看出来，非常别致。"

施工建造庭院的时候，就提出了"只要几种简单的灌木、中高树"的要求。在这个基础上，又种植了一些花卉来填补颜色。树木枝条茂盛，

古田先生很喜欢坐在木椅子上眺望斑斓的树影。

植物种类一多，自然而然就有了自然播种。这样一来，波斯菊、捕蝇草等就越长越多了。特别是波斯菊，通过自然播种，年复一年茁壮生长。虽然原种是白色花朵，但是自然播种以后，竟然开出了混色花。

"几乎没花什么功夫来照看植物，但是每年都能开出各色花朵，让院子色彩缤纷。很喜欢大波斯菊和风露草，它们也都年年枯萎年年生。真让人高兴啊！"

古田先生的庭院里，只有高大的树木和自然生长的草花，朴素的庭院与自然的景色非常协调。花花草草都是通过自然繁殖的方式生长，所以这可以算是一个几乎"免维护"的庭院了。这个展示着"自然风光的庭院"，给古田先生的生活带来缤纷的色彩。

原本寸草不生的土地上，自然勃发出种种矮树丛。树木的枝叶也愈加繁茂。

日本铁杉

四照花

风露草（白花）

唐棣

白鹃梅

四照花

1 宣告春天到来的白色花朵

春天，从院子里绽放白色花朵开始。唐棣、白鹃梅等，都是古田先生中意的花朵。这个时候开始，矮树丛也开始发芽了。

风露草在春季发芽、夏季开花，每年繁殖的范围都很广阔。花和叶的形态优雅，常被用来作为地被植物。

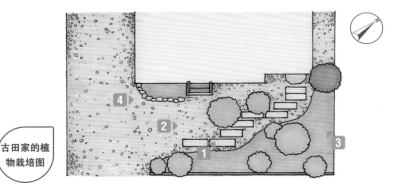

古田家的植物栽培图

勿忘我

初春

风露草

初夏

初春 初夏

2 **在通道上感受四季变化**

初春的庭院，尚感微凉，但是已经到了耐寒植物萌动的季节。与初夏相比，初春的庭院好像很陌生，因为绿草和鲜花带来了完全不一样的感受。看看这里，感受一下四季变化的韵味吧。

3 **东侧有一片宽广的花园**

初夏的时候，庭院东侧满满地盛开着小雏菊。除此之外，还有春白菊与日本滨菊杂交而生的多种园艺品种。

4 **独当一面的波斯菊**

波斯菊自然播种成长，春季萌芽以后，可以当作地被植物来观赏。但到了夏季，枝干会变高变挺拔。在秋季，开出绚烂的花朵。花朵茂盛的时期，是一片耀眼的波斯菊花海。

要点

庭院

冬季也绿意盎然的

- 统一为白色与绿色结合的植物。
- 常绿植物丰富，冬季也绿意盎然。
- 借助院子外面的山墙，让庭院整体感更加深邃。

初夏，球场覆盖的胡桃背脊会茂盛。

上田市　泷泽家		
完成		
2009年		
矮树丛		
蔓长春花、双叶银莲花等		
草花		
月季、银线莲		
树木		
唐棣、冬青、四照花（常绿）等		

一年四季都能享受植物美景的庭院

"植物从冬眠中苏醒过来，在春季陆续萌芽，然后开花结果，到了秋季乐享红叶和果实。我心目中，一直向往着这种能感受景色变换的庭院。"泷泽先生庭院中的植物，也正好符合景色变换的规律。

树木和草花多为落叶木，但也有蔓长春花等常绿的地被植物，以及冬青或木兰这种常绿树木。所以即使到了冬季，也一样能观赏到绿意盎然的庭院风光。特别是结白色果实的野草莓，是非常稀有的品种（P51 **4**）。常绿的四照花也是最近非常热门的品种。

种植色调被统一成白色和绿色，唐棣、玉铃花、月季等树木和双叶银莲花这样的花卉都开白花。为了过渡，也种了一些青紫色的蔓长春花和红色的植物。

"我要求设计一款有自然感的庭院，所以园艺公司就帮我种了这几棵灌木。庭院入口的地方，能看到一棵枹栎。继续往里走是通往玄关的通道，接下来在玄关的位置能看到假绣球树靠在外面路灯旁边的景色。"

在大自然里，假绣球是生长在落叶树下的灌木，适应半日阴环境。在滝泽先生的庭院里，枹栎下面同样也是半日阴的区域，所以非常适合假绣球生长。栽培植物的时候，一定要选择适合其生存的环境。假绣球也开白色的花，在秋季叶片变红后结出红色的果实，大而厚实的叶片，有很强烈的存在感，在一片植物当中算得上主角。

另外，当泷泽先生庭院里的花草树木萌芽的时候，院子外面山墙上的叶子也一起舒展开，整体视觉效果非常好。

唐棣

薰衣草

四照花（常绿）

春季，植物正在萌芽的庭院。借助院子外面山墙的景色，增强庭院的空间感。

初春

初夏

春

秋

1 玄关通道的植物

从入口到玄关的通道，能一年四季享受植物变化的乐趣。这正是泷泽先生的大爱。

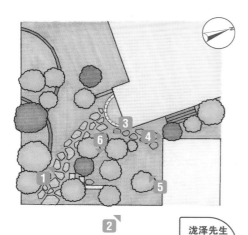

3
6
4
1
5
2

泷泽先生家的植物栽培图

2 东侧道路旁的植物

植株均以白色和绿色为基调，配以过渡用的紫色薰衣草。树木下的矮树丛都是适合半日阴环境的品种，郁郁葱葱，自然繁殖。

槭树

白木兰

四照花（常绿）

双叶银莲花

薰衣草

假绣球

玉簪

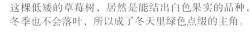

4 在庭院的一角孕育着白色果实的野草莓

这棵低矮的草莓树，居然是能结出白色果实的品种，冬季也不会落叶，所以成了冬天里绿色点缀的主角。

5 绿色与白色的组合

滝泽先生种植的月季花大多数是白色的。绿色的灌木与白色的月季搭配在一起，形成一幅自然美景的画面。

3 矮树丛与树木的红叶

到了秋季，繁茂的矮树丛枯萎之后，要用常绿的蔓长春花来取代。玉簪的黄叶和假绣球的红叶让人感受到浓浓秋意。

6 常绿树下的矮树丛能保持一年四季的绿意

春季，蔓长春花和野草莓占据这里。到了初夏，日本香简草和玉簪开始变得显眼。这些都是多年生草本植物，植株逐年变大。

蔓长春花

春

野草莓

初夏

日本香简草

玉簪

要点

树木与草花演绎着 庭院深处的美妙

- 利用留白，精心配树木的效果。
- 运用丰富的花草营造绿意。
- 没办法处理的地方，留给植物自由选择。

上田市　春原家	
完成	
2011年	
矮树丛	
景天、百里香等	
草花	
月季、粉花绣线菊、水仙等	
树木	
小叶桉、鹅耳枥等	

百里香的地被与月季之间搭配了屈曲花、矾根、铜叶黄金钱草等植物，灵动可爱。

月季 / 冰山月季

屈曲花

矾根

百里香

铜叶黄金钱草

用植物的搭配，让庭院看起来更宽阔

春原先生家的庭院看起来挺宽敞，其实都是通过树木的搭配，让植物间隔看起来更宽松。

在搭配矮树丛的时候，考虑到树木的布局已经很充分了，就选择了一些不夸张的款式。树木能引导主流视线，再通过树下茂盛的草花来烘托，就能让人感到远近相宜的庭院景色。

很多人都说："平时白天都工作，所以只有周末能打理院子。"其实即使如此，也可以在通道和停车场之间种植一些花草树木。空间虽然不大，但能从停车场一直延伸到玄关门口。

能用来照看庭院的时间有限，所以尽量选择多年生草本植物和地被植物。多年生草本植物，自己就能每年自然繁殖，这反倒让庭院更加自然。特别是还把百里香用来作草皮，就像给踏脚石

的边缘镶了一圈绿色边框，让整个庭院绿意盎然（P56 **5**）。

建造庭院的时候，心里憧憬的就是"灌木林的那种庭院"。所以选择了很流行的小叶桉、槭树、鹅耳枥等品种。这些树木在每个季节的形态都不一样。

"我很喜欢春季。各种树木开始发芽的样子总能让人心旷神怡。选择矮木丛品种的时候，主要考虑能跟整体搭配的格调。一来二去，小叶桉周围（P57 **10**）反倒成了我最喜欢的地方。"

就算是让植物自由生长的庭院，也需要时不时除掉过度茂密的杂草。但是伴随季节不断变换的自然景色，却是怎么花功夫也得不到的。

小叶梣

白棣棠花

新风轮菜

水甘草

蕾丝花

棉毛水苏

树木在春季萌生嫩芽时的风景。

初春 春

初夏

1 四季游走的庭院

停车场和四周的地面是留白，建立有进深感的庭院。随着季节交替，植物变得茂密。小叶梣清凉的姿态和简朴的外观自成一体。

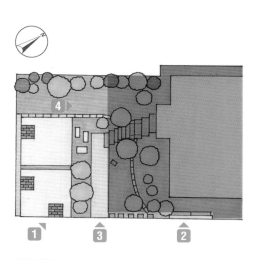

4

1 3 2

春原先生家的植物种植图

月季 / 蓝品红

猫薄

2 栅栏屏风

栅栏上爬满了蓝品红的月季花枝，形成了天然屏风。路人也一样能享受到美丽的花开。

四照花

蕾丝花

以薄荷等绿色植物为中心，配以粉花绣线菊等淡色花朵来调和。深红色的月季引人注目。

月季

深红色的英格兰月季，近年来人气大旺。

薄荷

作为地被植物，有强大的繁殖能力。注意不要使其过度蔓延。

粉花绣线菊

黄色叶片的品种。花朵是粉色或淡粉色。

3 玄关通道

玄关通道铺装成米色。玄关尽头的深红色月季花正在向你招手。

4 林荫小路

庭院西侧的地势较高，在林荫小路旁是一片灌木丛。初夏时四照花盛开，可以沿着这条小路神清气爽地回到家里。

四照花

百里香

铁线莲 / 查尔斯王子

爬山虎

5 百里香的地被

家旁边的花坛地势高一些。这里的百里香虽然只是草皮，但茂盛得好像要从花坛里流淌出来一样。

6 泾渭分明的颜色对比

叶色不同的爬山虎和铁线莲在栅栏上茁壮成长。深绿色和浅绿色的对比十分鲜明。

7 通道侧面的植株

初春，水仙从入口侧面的花坛里露出笑脸。春意更浓的时候，白棣棠花开始摇曳生姿。初夏到来，这里已经是繁花盛开。

初春

水仙

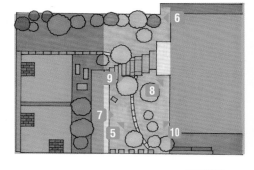

春原先生家的植物种植图

春

白棣棠花

初夏

紫雏菊

新风轮菜

彩雀花

8 **玄关处的草坪**

草坪的品种是景天，几乎不用耗费精力照料，却能给庭院带来一抹绿色，也能抑制其他杂草生长。

9 **利用自然生长的野草**

蛇草莓是自然生长出来的植株，搭配在大谷石和砖石之间恰到好处。蛇草莓的果实比野草莓更大，非常可爱。

蛇草莓

10 **种在玄关侧面路上的植株**

在小叶栌旁边是屈曲花、矾根、铜叶黄金钱草的植株。初夏的时候，毛缕剪秋罗和月季都会开花。

春

小叶栌

屈曲花

矾根

毛缕剪秋罗

黄金钱草

初夏

要点

在一片水田背景前面的花草树木

- 以水田为背景搭建庭院。
- 通过树木叶片的形状、树干的颜色和手感来选择品种。
- 搭配庭院风格，选择不会过分茂盛的花草。

种植着秋牡丹（右）和郁金香（左）。

上田市　桥诘家		
完成		
2007年		
矮树丛		
知风草、麦门冬等		
草花		
郁金香、吊钟花等		
树木		
小叶椤、白绣球花、红枫等		

利用直挺的树木营造树林风貌

"在炎热的夏季，除草以后，倚靠在木椅上，夫妇二人一起喝着啤酒眺望庭院……没有比这更美妙的时刻了。"

桥诘先生从木椅这里能眺望的风景，正是以水田为背景的庭院风光。从一开始就想把水田当作背景，所以没做什么栅栏。这样一来，吹拂着水田的微风，也正好能吹拂着自家的庭院。

"以落叶树为主，着重挑选了枝干的手感、颜色、叶片的形状。当然，也充分考虑了购入的价格。选择花草的时候，优先考虑花期长的品种，也回避了那些容易泛滥的品种。"

从停车场往院子里看，正面就是一棵红枫（P61 **3**），树皮呈灰色，手感光滑。刚种下的时候，树干轻微弯曲。现在已经长成了最适合庭院造型的姿态。高大的树木居多，每一棵的树冠都很饱满。因为高大树木的树干挺拔而直立，多了以后就像小树林一样。

树木下面都是搭配树木种植的草花，例如知风草和花期很长的粉花绣线菊等。另外，还有一些应季开花的银莲花、郁金香、吊钟花等，这样一来就能一直享受花开的乐趣。

"从小路走到玄关的路上，满眼都是心仪的景色，浑然一体的感觉让人难以言表。"

停车场到玄关是一条弧形的小路，每走一步，都有不同的风景。所以即使距离很短，也能让人感受到庭院的宽阔（P60 **1**）。

桥诘先生的庭院，利用水田为背景，与植物一起构成了欣欣向荣的景象。

欧洲荚蒾

小叶梣

粉花绣线菊

玉簪

麦门冬

易于蔓延的地被植物

高大的小叶梣下面是花期悠长的粉花绣线菊。

1 玄关通道

信箱周围是桥诘先生中意的角落。出入玄关的时候，每天都会眺望高大的欧洲荚蒾树和小叶榉美丽的叶片。为了让信箱与庭院更协调，主人将它刷成了简朴的黑色。

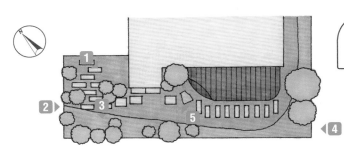

桥诘先生家的植物栽培图

2 从西侧看过来的庭院风景

从停车场出来的小路上，铺了御影石的踏脚石，被包围在一片郁郁葱葱的草木中间。春季树木萌芽，夏季白绣球花开放，秋季生出红叶。背后的水田也跟眼前的树木一起，感受着四季的变化。

春

秋

鹅耳枥

初夏

四照花

白绣球花

紫花槭　　紅枫　　四照花

莢蒾

小叶青冈

唐棣

百里香

3 停车场南侧的树木

停车场南侧，有一排桥诘先生经常眺望的树木。矮树丛里是玉簪等植株。

4 繁茂的绿色空间

庭院西侧生长着唐棣、莢蒾等常绿灌木。百里香组成的地被，远远望去是一片满溢的绿色。这里由叶片颜色不同、形状各异、高矮不等的各种植物组合在一起，形成了立体感极强的绿色空间。

5 玄关侧面的枫树与知风草的变化

玄关侧面是紫花槭，紫花槭下面的矮树是台湾吊钟花。最下面的矮树丛里有知风草和圣诞蔷薇。知风草略高，跟季节一起经历萌芽期、嫩叶期、红叶期，每个季节都有其不同的景象。

台湾吊钟花　　紫花槭

春

知风草

圣诞蔷薇

初夏

秋

要点

重视室内视觉景观的庭院

- 叶片纤长的植物与人一起等风来。
- 站在房间里，就能眺望到庭院中四季的变化。
- 用高挑的格子栅栏巧妙地隐藏与邻居家之间的界限。

叶片纤长的知风草随风摇曳，身处室内也能感受到起风了。

上田市　矢泽家

完成
2012年
矮树丛
花叶芦苇、知风草等
草花
翠雀花、月季等
树木
日本紫茎、三桠乌药、小叶梣等

一年四季都能欣赏到随风起舞的植物风姿

矢泽先生家的庭院是日式和风庭院，种植的植物大多叶片纤长。但是几年前，因为很想从起居室就能感受四季变化，于是进行了局部调整。

"从房间望出来，享受花草树木一年四季的变化，能让人变得更加平和。选择植物之前，通常都会向园艺专家讨教，然后精心选择日常品相多姿多彩的品种。"

植株有白色小花与山茶树相仿的日本紫茎、叶片上有天然切口的三桠乌药等树木，俨然一片枝叶茂盛的灌木林。

从起居室就能看到落叶树——小叶梣和日本紫茎。不仅花和叶美丽大方，就连树皮和树干也很有看点。小叶梣下面的小花坛里，种植着羽扇豆和翠雀花等应季草花，令人心旷神怡（P64 **3**）。

"以前用的是竹节花纹的塑料栅栏，时间一长就风化了，有些不结实。再加上塑料栅栏有点矮，从起居室就能看到邻家院子，所以就换掉了。现在用的是更高一些的木质栅栏。"

新的庭院，被木质栅栏包围着，好像与原来的和风庭院区分开来。栅栏上有网格，虽然有点儿高，但也不影响通风。草木叶子随风起舞，带来阵阵清凉。

矮树丛里面的知风草、花叶芦苇、野燕麦等叶片纤长的植物，在庭院中勾勒出柔和的曲线。起风的时候，在房间里也能感受到风吹来的清新。

在矢泽先生的庭院中，能看到风和植物的变化。足不出户就能领略大自然的氛围，真让人流连忘返啊。

小叶椴

日本紫茎

三桠乌药

知风草

玉簪

野燕麦

蓝莓

初夏到来，高挺的树木和矮树丛让小小庭院郁郁葱葱。

1 主要庭院区的留白

庭院狭长，砖铺的小路部分就像是庭院的留白，恰到好处的植株凸显了小庭院的静谧。砖块的色调刻意没有整齐划一，给人一种俏皮可爱的感觉。

2 用栅栏划分庭院区域

好像要与东侧的和风庭院区别开一样，新庭院区被格子栅栏包围着，上面爬满了藤本月季品种——惠灵顿夫人。还有几缕绿色也被引到栅栏这里来，调和了栅栏与整个庭院的色调。

小花坛里的水甘草是多年生草本植物。其他一年生的花朵随着季节凋零以后，还会更换其他品种，妙趣横生。

小叶栲

日本紫茎

翠雀花

水甘草

羽扇豆

虞美人

3 从起居室看到的景观

从起居室能看到挺拔的小叶栲和其他一些草花，特别是能清晰地看到日本紫茎。除了春季萌芽的草花以外，更能乐享树干的颜色和枝条的曲线。小叶栲也是矢泽先生的父亲特别钟爱的树木。

初春

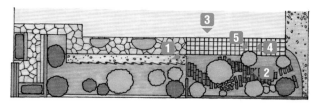

矢泽先生家的植物栽培图

4 确保日照时间

因为栅栏是格子形的，所以光线和风都能自由穿越。初夏树木枝叶茂盛，形成的树荫下正好适宜半日阴植物生长。栅栏没有完全封闭，形成更有层次的空间感。

初夏

5 搭配叶片形状各异的品种

东侧有三桠乌药、叶片细长的花叶芦苇、蓝莓，更里面一点有日本铁杉等植株，它们的叶片形状各异，被精心搭配在一起。

三桠乌药

日本铁杉

蓝莓

花叶芦苇

野燕麦

风情庭院 草花覆盖的自然

- 选择符合当地气候的植物。
- 青草与月季种在一起，享受乐趣。
- 控制花色品种，令人久看不腻的种植方式。

上田市　长岛家

完成
1995年（2015年改建）
矮树丛
野草莓等
草花
麦仙翁、月季、铁线莲等
树木
美国鼠刺、山毛榉等

通往玄关的通道旁，种植着以山毛榉为中心的植株。宛若整个房子就位于一片灌木林中。

自然延伸的花草丛中月季花格外醒目

长岛先生的庭院分为南侧和北侧两部分，北侧的地面略微倾斜。正因如此，两部分庭院的日照状态都十分好。空间上的隔断，让两个庭院有各自不同的风格。

建造伊始，主人想让建筑物隐匿在南侧的灌木林中，所以围绕着山毛榉设计了庭院。树木下面，是通往玄关的踏脚石小路，周围被矮树丛环绕。矮树丛中，有野草莓、筋骨草、玉簪等半日阴植物。浓浓淡淡的藤本植物和小灌木填满了每一个空隙，营造出满满的绿色空间感。北侧的庭院，任由园艺师们用砖头堆砌了台阶，然后由长岛先生用植物描绘整个庭院。

"选择草花的时候，要考虑花期、花色、花形、花的大小、是否能经受这个地区的干燥和寒冷等因素。另外，我相信植物能通过自身能力繁衍生息，所以尽量选择宿根草。这些年来，它们就是通过自然播种繁殖起来的。"

植株的亮点，就是备受喜爱的古典月季。月季与其他浅色草花搭配在一起，被绿色叶片烘托得高雅精致。因为珍视大自然的氛围，选择了一些自然情调浓厚的宿根草品种。平日对月季多加打理，防止它因过度繁殖而破坏与其他植株的平衡。

"我的目标是在未来几年内完成庭院建设。虽然现在还在享受打理庭院的时光，但是以后希望能获得更多从远处眺望花园的体验。"

长岛先生坚持选择适合这片土地的植物，再需要一些时间就能完成整个庭院的建设。这片还在变化着的空间里，萦绕着草花和月季的奏鸣曲，正在一点点变成自然风貌十足的私家庭院。

月季 / 利陶斯马

月季 / 施尼坎普

麦仙翁

筋骨草

野草莓

以后山的树木为背景的小路上，花草茂密。

圣诞蔷薇

堇菜

风信子

野草莓

长岛先生家的植物栽培图

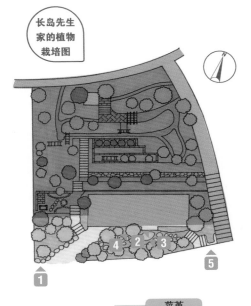

菜堇

羽衣甘蓝

英国小雏菊

1 西侧的迎宾花坛

从公共道路来到家门口的地方，有一个石头堆砌的迎宾花坛，里面开满了圣诞蔷薇、堇菜、风信子等花朵。即使在花朵稀少的季节，也能享受到这里的鲜花盛开。

山毛榉

风信子

圣诞蔷薇

野草莓

筋骨草

2 玄关前的植物

在没有土的玄关位置，可以用盆栽植物来装饰。踏脚石旁边的空地上，可爱的英国小雏菊起到了地被的作用。当然，花朵也令人生怜。

3 山毛榉树下的植物

通往玄关的通道，山毛榉树下是耐阴的筋骨草、圣诞蔷薇等。植株适应环境，景色接近自然。

4 玄关侧面的花坛

玄关侧面的花坛里有美国鼠刺、月季等白色小花，还有铁线莲和堇菜的紫色小花。考虑到整体色彩的平衡，选择了绿色、白色、紫色的统一色调。踏脚石空隙之间，野草莓正在随遇而安。

初春

春

→

↓

初夏

月季 / 粉色费利冈德

月季 / 索伯依

5　东侧小月季花坛

东侧到玄关入口处，用砖头堆了一个月季花坛。月季花缠绕在方形铁架上，脚下的白花和绿叶生动可爱。

花朵以白色和淡粉色为基调，搭配了层次感。大多由宿根草和自然播种的植物自然发育而来。

法国小雏菊

丝花

月季 / 安娜玛丽

春

初春

6 水井风格的花坛

水井风格的花坛，与整个庭院的风格很搭，也是这个区域最吸引人的亮点。植物刚刚被种到这里的时候，还能看到露在外面的土壤，日复一日，植物也越来越繁茂。初夏时节，叶片发红的瑞士甜菜逐渐醒目，与月季和捕蝇草一起大放异彩。

瑞士甜菜

接近菠菜的一种蔬菜。叶片宽大，叶柄为红色、粉色、橙色、黄色等。

鼠尾草

因为叶片形状和颜色特殊而闻名，有多个品种。是长岛先生中意的植物。

香荠

开黄色花朵的香荠与开白花的香荠相比，是更容易存活的宿根草植物。

初夏

铁线莲

花朵为淡紫色，容易开花，生存能力极强。

月季/瑞伯特尔

花朵比较大，花瓣呈浓郁的粉色。花期长。

捕蝇草

钟形的白色花朵，叶片上有花纹的美丽宿根草。

初春

圣诞蔷薇

7 西侧中间位置的花坛

花坛里有很多矮树丛和一棵铁线莲。初春的时候，肺草属和圣诞蔷薇开放，初夏枝叶更加繁茂。绿色当中，铜色叶片的树木成为点睛之笔，与瓦罐和背景砖墙一起演绎庭院情调。

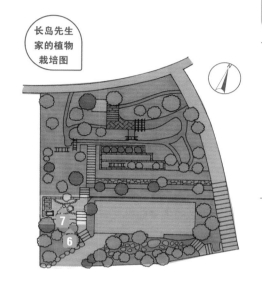

长岛先生家的植物栽培图

7

6

肺草属

黄栌/蓝紫色　　铁线莲/短柄野芝麻　　红叶李

初夏

月季/紫玉

蕾丝花　　　　　　　　　　　欧亚香花芹

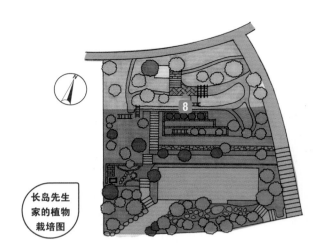

长岛先生家的植物栽培图

银杉

玉簪

毛缕剪秋罗

野草莓

全部是绿色植物。玉簪的大叶片和毛缕剪秋罗的浅绿色组合在一起，再用白色花朵来点缀。

迎春花

月季 / 牧神

铜铃饰物的周围，是黄色的迎春花和淡粉色的月季花，鲜艳而明亮。花叶的形状各异，神态丰富。

月季 / 纪念马尔迈松

8 丘壑北侧的主庭院栽培

主庭院的植物栽培更加丰富多彩。以宿根草和月季为中心，每一季的草花都各有神韵。初夏的月季和鼠尾草一起开放，好像花海一般。

筋骨草

鼠尾草 / 雪山

Part 2

第二章

搭建小庭院的窍门

本章节中，还介绍一些搭建庭院的秘诀和构思。为了让小庭院美丽而多彩，首先要记住植物的知识和栽培的规则。

一年生草本植物与宿根草

或者每年更换草花，或者任其自由生长

根据生长发育的不同类型，我们可以将草花分为"一年生草本植物"和"多年生草本植物"。

一年生草本植物，指的是那些在一年当中完成从种子发芽、开花、结果、再次播撒种子，直到凋零的植物。相对而言，地上部分能越冬或者地上部分枯萎但根部能在土壤里越冬，可以连续存活好几年的多年生草本植物，叫作"宿根草"。

一年生草本植物当中，大多数花色艳丽。我们通常利用这些花朵美丽的形状和鲜艳的色彩，赋予庭院耳目一新的感觉。而对于宿根草来说，除了花朵的魅力以外，还可以进一步挖掘叶片和姿态的美感。

种植一年生草本植物的时候，我们可以根据喜好，每年更换喜爱的品种。而一旦选择了中意的宿根草以后，就能连续欣赏好几年茁壮而出的姿态。也就是说，如果您希望每年都让庭院更新换代，那么就应该多种植些一年生草本植物；而如果您希望越冬之后草花依然能自由勃发，露出自然的风貌，就应该多选择些宿根草来栽培。

一年生草本植物与宿根草

一年生草本植物

在种子中休眠的草花，一年内完成种子发芽、生根开花、结出果实后枯萎的过程。有堇菜这种年年重栽年年绿的品种（如左图），也有波斯菊、矢车菊等自然播种繁殖的品种（如右图）。

董菜

矢车菊

宿根草

根部等部位能够越冬，即使结出种子也不会枯萎，能反复经历成长、开花、结种、越冬的过程。因为植物范围不断增加，所以能打造出自然风浓郁的庭院。照片中是越冬之后也依然神采飞扬的知风草。

春

初夏

知风草

落叶树与常绿树

有红叶飘落的落叶树，也有冬季长青的常绿树

树木，可以分为冬季（在不同地域，也有干燥期落叶的品种）落叶的落叶性"落叶树"和一年四季枝叶茂盛的常绿性"常绿树"。特别是到了秋天，伴随着气温降低，落叶树的叶子会慢慢变成美丽的红色或黄色，所以它被广泛用于庭院装饰。到了春季，它会再次生出嫩芽，独特的美感也别有一番风韵。

常绿树的枝条长期被叶片所覆盖，所以不容易展示出枝条本身的美感，但是浓密的枝叶正好可以当成遮挡路人目光的屏风，也适合用来作整个庭院的绿色背景。秋去冬来，落叶树枝叶飘零，如果能在树下搭配一些常绿的灌木丛，则正好可以缓和凌厉的肃杀之气。冬季能在院子里看到绿色，是一件多么温柔的事情啊。

落叶树和常绿树的比例，完全取决于庭院的利用方式。但最好不要极端偏重哪一方，尽量做到比例平衡是最好的。例如，为了更多地营造庭院的季节感，就可以略微偏重叶色变化多样的落叶树。

落叶树
与
常绿树

紫花槭

三桠乌药

落叶树

鲜花、新绿、红叶、黄叶等美景无穷，能享受到丰富多彩的花色和四季变化，多用于中景和近景。通常植株挺拔，数量较多，所以容易形成小树林的印象。

日本铁杉

六道木

常绿树

冬季也绿意浓浓，大多数在春季重新萌发新叶。通常种在地界沿线，用于背景色或庭院的主题树木。

高树、中高树及低矮树木、藤本植物

选择树木的要点

树木被用于庭院建设的时候，应该按照从高到矮的顺序，选择高树、中高树、低矮树木等植物。

高树、中高树相当于庭院的骨骼，重要程度相当于庭院栽培的主角，应该从一开始就确定好品种。在栽培好主角树木以后，在这个基础上再考虑下一个层级：叶片颜色、枝条分布、树干类型等。这些都是选择树木的要点。

接下来，就到了低矮树木的阶段。无论位于小树林边缘，还是丛林当中，低矮树木大多数种植在高树、中高树的下面。因为被用于庭院造型的时候，只有把低矮树木种在高树、中高树下面才最自然可亲。低矮树木也常被用来作"增色树木"，给整个庭院景色带来更多的情调。低矮树木可以单棵种植，也可以集中种植在一起，成为庭院中的小景区。

至于藤本植物，常常与其他附加建材搭配在一起，蔓延到很远的地方。只要能巧妙地运用这一性质，即使种植区间很小，也能在栅栏上舒展出一片绿色的海洋。

树木的特征

如果基本上按照从高到低的顺序选择、栽培植物，就能搭配出自然的风景。

高树、中高树

高树是庭院的主角，所以一开始选择高树、中高树的时候，要考虑叶片形状、枝条形态、树干质感等因素。另外，别忘了根据期待达到的效果决定选择落叶树还是常绿树。

月季

四照花

针栎

白棣棠花

藤本植物

只要有足够的自由空间，藤本植物就能前后左右填满所有空间。虽然诱导植物需要时间和精力，但是大多数的藤本植物都能给我们带来美丽的花朵和靓丽的红叶。例如铁线莲、藤本月季、地锦等。月季里也确实有可以当成诱导植物的品种。

低矮树木

在高树、中高树与地面的距离里，可以用低矮树木来填补空白。低矮树木不仅能带来庭院里的流线造型，也能增添令人惊喜的景色。有很多花色饱满的树种，例如绣球花、双珠母、月季等。

日照区域与半日阴区域

选择能够适应种植区环境的植物品种

并非庭院的每一个角落都日照充足，所以我们必须根据每个角落的日照情况来选择适合的植物种类。

大多数的植物都需要在阳光中完成光合作用，以此拥有必要的营养成分，所以，大多数植物都能适应日照区域。但是，也有些品种能在半日阴区域保持良好的生长态势。

在我们谈到种植区域、花盆摆放地点的光照状况时，免不了也会提及日照区域、树荫区域以外的半日阴区域。所谓"半日阴"，指的是一天当中总有一段时间能晒到太阳。另外，也指那些位于落叶树下阳光斑驳的区域。总之，就是指那些日照不充足但又比阴暗地点更明亮一些的区域。

针对树下林荫区域、日光不充足的半日阴区域，我们一定要选择耐阴植物来种植。

有代表性的半日阴区域

树荫

树木下等有斑驳日光照射的地方。

建筑物的东侧

建筑物东侧等上午日晒充足但下午没有日晒的区域。

栅栏附近

也可以用栅栏等围出特定的半日阴区域。

组合时注意植物高低的平衡

模仿大自然的环境来搭配植物

当我们远眺山丘森林的时候，总能看到一望无际的高大树林。当我们把焦点从高大的树木上移开，可以看到周围还有高高低低的低矮树木，然后还有更矮的灌木丛，最下面是丛生的草花。你可以观察一下，是不是生活在树下的草花都是些喜好半日阴的品种呢。如果你需要打造自然氛围浓厚的庭院，那就可以在设计的时候大胆参照自然林貌来搭配花草树木。

具体来讲，如果决定要种植高树、中高树，那就首先明确最重要的一棵树的位置，接下来再考虑周围的低矮树木、花草搭配等问题。高树、中高树被种好以后，就很难再更改位置了，所以请务必慎重地决定树种和种植位置。本书中的高树，通常指高度为3~4米的树；低矮树木，通常指高度在2米以下的树；介于两者之间的，就是中高树了。

说到花草，花朵和草姿可谓数不胜数，个头高的、延展能力强的、能覆盖住地面的……请不要忘记在最初构思设计的时候，考虑到它们成熟以后的花色和形状。

模仿大自然的种植方法

高树、中高树

在决定了主角树木后，再考虑如何搭配其他植物。高树、中高树，完全决定了庭院整体氛围的结构。照片中为白木乌桕。

低矮树木、藤本植物

在主要树木下面种植低矮树木或藤本植物，用于填补花草和树木之间的空白。照片中为大果山胡椒。

草花、地被植物

种植在树下等区域，应当选择能适应半日阴环境的品种。照片中为玉簪。

低矮树木

也叫作灌木，通常树高不足2米。用于填补草花和高树、中高树之间的空白。单棵种植能形成庭院中的流线线条。

草花

由于种类不同、成熟后的姿态，可以被分为几种类型（P.84）。一边想象花叶形色以及成熟后的姿态，一边进行设计。

地被植物

低矮树木、草花、藤本植物等，可以广泛繁殖以便覆盖地面的植物的统称。能抑制土壤流失和干燥，也能阻碍野草生长。

紫雏菊、玉簪、知风草等

筋骨草、百里香、野草莓等

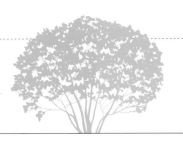

绣球花、大果山胡椒、月季等

巧妙组合树木高度

不同品种的树木，其成长速度、成熟后的大小均有所区别。即使同一品种，也会因为种植环境的差别存在个体差异。在大自然中，树木高度有可能超过 10 米，所以我们有必要对庭院树木多加修剪。

因为庭院中的空间有限，我们通常把树木的高度控制在 3~4 米。原本在大自然中远近高低各不同的树木，不得不为了我们的需求而委曲求全，所以我们的照看和关注必不可少。

特别是设计灌木林风格的庭院时，请一定要恪守"大材小用""小材也小用"的基本原则。

另外，请一定充分考虑到树木成熟后枝叶伸展的状态！

高树、中高树

庭院树木的高度通常控制在3~4米。中高树，指的是高度在2米左右的树木，也叫作小高树。它们起到支撑庭院骨架、主导庭院容貌、创造树荫的作用，包括林荫树、增色树等。

藤本植物

枝条能像藤条一样四处延伸的花草树木。可以被引导到树木、栅栏等处，自由规划布局，也可以用来作地被植物。

4m

3m

2m

1m

银莲花、莴萝等

小叶梣、槭树、四照花等

了解花的形态

搭配时考虑到开花季节、开花形态以及开花方式

　　草花类植物是庭院地面的主角，担当着绿化地面、点缀地面的重任。另外，庭院里的树木也同样能绽放魅力四射的花朵（花木）。

　　大多数的植物在春季开花，也有些花会在夏季或秋季开放。也就是说，植物的花期不同。如果能在选择植物品种的时候兼顾草花和花木的花期，就能称心如意地构建出百花齐放的花园了。

　　从开花形态的角度出发，有大花朵，也有小花朵；有平面花朵，也有球状花朵。可谓林林总总，各有千秋。从开花方式的角度出发，有一根茎上只开一朵花的品种，也有一根茎上开很多花的品种。很多花集中在一起的形态，叫作"花序"。

　　把不同花形和花序的品种搭配在一起，能让庭院的小景观更加丰富多彩。

开花形态和开花方式

花瓣裂开的花朵

花瓣有规则地排列在一起的品种。照片中是野蔷薇。

单生花朵

在一根茎的顶端开花的品种。照片中是郁金香。

笼形花朵

花瓣裂开，花朵形状像笼子一样。照片中是蓝莓。

平面开花

小小的花朵排成一个平面的品种。照片中是蓍草。

花瓣重叠的花朵

多枚花瓣重叠在一起的花朵。照片中是月季/弗朗索瓦。

麦穗形花朵

复数花朵集结成麦穗的形状。照片中是栎叶绣球。

搭配要点
③

了解叶的形态

叶子的形状也令人欣喜

花朵的大小和形态千差万别，叶子的大小和形态也同样千变万化，有纤细的叶片、圆形的叶片、锯齿明显的叶片、边缘光滑的叶片等。叶子总能营造出与草花不同的别样氛围。

特别是宿根草的叶片，体现魅力的时间要比草花的花期长很多，所以应该选择完全符合庭院气质的品种来种植。另外，庭院树木的叶片形状以及枝干特征，可以说是决定庭院第一印象的重点。

我们可以把叶片形状大致分成一个叶柄上只生一片叶片的"单叶"和由多片小叶组成的"复叶"。单叶当中，还有像红柳树那种纤细的叶片、像槭树那种掌形的叶片。

与搭配花朵的思路一样，搭配叶子的时候也应该选择几种形状有差异的品种，这样一来，庭院就不会令人厌倦了。

叶片形状的种类

条形叶

叶柄（与叶片相连的茎）像长条一样的叶子。照片中是玉簪。

单叶

植物的叶子大多数都是单叶。照片中是山茶树。

细长叶

叶片细长，前端下垂舒展。照片中是知风草。

复叶（羽状复叶）

小叶在叶轴的两侧排列成羽毛状称为"羽状复叶"。照片中是月季。

心形叶

叶片根部分成两半，呈心形的叶子。照片中是淫羊藿。

掌形叶

掌形叶是指含有5个或更多个从一点长出小叶的复合叶。照片中是槭树。

色彩搭配

了解颜色的"色相""明度""饱和度"

不同种类的草花，花色和叶色不同。搭建庭院的时候，选择不同颜色的草花来搭配，会让庭院的氛围有很大变化。

颜色的特征可以通过"色相""明度""饱和度"这三个基准的组合来表示。

当我们说"那朵鲜艳明亮的黄花"时，就涉及了色相——"黄色"、明度——"明亮"、饱和度——"鲜艳"这三个方面。

色相以红、黄、绿、蓝为基础，其间还有一系列混合色。用一个连续环形的方式把这些颜色表示出来，就形成了"色相环"（下图）。

明度，是指色彩的亮度。举例来说，粉色当中有接近白色的"亮粉"，也有接近黑色的"暗粉"，这种表现指的就是明度的区别。

饱和度，是指色彩的鲜艳程度。以红色月季为例，其饱和度越高，颜色就越娇艳，从而色彩夺目。反之，饱和度越低，则愈会偏向于白色、灰色、黑色等低调的颜色。

色相环与明度、饱和度

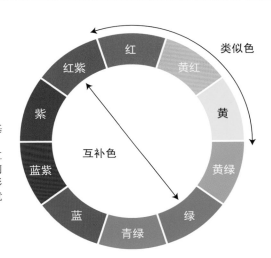

色相环

色相以红、黄、绿、蓝为基础，其间还有一系列混合色，都可以称之为"颜色"。在红色过渡到蓝色的过程中，我们把变化色——紫色加入其间形成一个连续的环状色谱，这就是色相环。

 低 → 高

明度

表示相同色相的不同明暗程度。明度越高，越接近白色；明度越低，越接近黑色。

 低 → 高

饱和度

表示色相鲜艳程度。饱和度越高，色彩越浓重醒目；饱和度越低，色彩越清淡低调。

白绣球花

玉簪

同色系搭配

色相相同，但明度和饱和度相异的颜色叫作同色系。把同色系的颜色搭配在一起，能营造出恬淡静谧的氛围。颜色暗的品种让人体会到进深感，颜色亮的品种让人体会到灵动性。明暗相异的色彩组合时，应该把暗色放在深处，亮色放在近前。照片中是白绣球花与玉簪叶的搭配。

月季 / 五月女王

铁线莲 / 浅紫色

铁线莲 / 深紫色

类似色搭配

在色相环中相邻的颜色就叫类似色。类似色搭配在一起，能勾勒出浑然天成的甜美感。照片中是粉色月季与深浅不一的铁线莲的类似色搭配。

心叶牛舌草

橐吾属

风信子

互补色搭配

色相环上位于对侧的任何两种颜色，互为互补色。把互补色搭配在一起，能突显各自的风格。每种互补色都有各自的比例，只要其中一种的比例占绝对优势，有平衡感就很均衡。但如果互补色的比例接近、搭配的互补色又很多的话，会给人留下不安稳的印象，请多加注意。照片中体现了黄绿色的叶片与深紫色的叶片这对互补色的搭配。

选择草花的类型

站立型与匍匐型

选择草花的时候，要知道它们将会如何生长。草花长成以后，可以分为站立型、匍匐型和茂密型。

站立型的草花，基本不会横向扩展，但枝干长高以后才会开花。因为它们具有一定的高度，所以在庭院中比较引人注目。

匍匐型的草花，横向扩展以后会变得郁郁葱葱，但相对比较低矮。因为郁郁葱葱的样子蓬松可爱，所以大量种植会给人留下繁华茂盛的印象。当然，匍匐型草花可以用来作地被。除了草花以外，藤本植物、小灌木也可以用来作地被。

无论选择哪种植物，都应当适当修剪，以防长得过于繁茂。另外，与选择树木的方式相同，我们选择草花的时候也应当首先考虑草花的高度。种植好最高的草花以后，在旁边搭配茂盛的品种、匍匐在地面上的品种，自然而然就能营造出自然景观。

草花的类型

郁金香

站立型

例如郁金香、紫兰、台湾吊钟花等几乎不横向扩展，只向上生长的类型。如果是宿根草或多年生草本植物，每年都会在固定区域内生长，便于管理。

春星花

茂密型

整体很茂盛、繁荣生长的类型，例如春星花、藿香蓟等。如果生长过剩，需要铲除。玉簪、圣诞蔷薇等也属于这种类型。

匍匐型

横向扩展的、下垂的、攀爬的等植物都属于这个类型。筋骨草、景天、薄荷等都属于这个类型，可用于树下的矮树林。

野草莓

筋骨草

各类别草花的种植案例

站立型种植

在站立型植物——紫兰的周围，种植着宝珠草、野草莓等地被植物。紫兰坚挺的叶片直立在中心位置，其他植物的叶片都安安静静地陪衬在周围的地线上。

紫兰

宝珠草

野草莓

茂密型种植

种植一些略有高度的茂密型植物——例如毛缕剪秋罗，填补在攀爬在栅栏上的月季花与地被植物之间。虽然株数不多，但也占到了一定的空间。

月季 / 蓝品红

矢车菊属

毛缕剪秋罗

羽扇豆属

匍匐型种植

作为地被，树下的土壤里种植了筋骨草、野草莓等植物。搭配以叶片宽大的玉簪和矾根，形成了错落有致的叶色格调，给人留下绿地面积开阔的印象。树荫下是半日阴区域，所以选择了能适合半日阴环境的品种。

矾根

野草莓

玉簪

双叶银莲花

筋骨草

运用叶片的力量

叶片的颜色、形状、姿态，都是绿叶植物的亮点。其种类丰富，足以应对庭院中各种各样的场景。开花植物的花期通常比较短，相比之下，绿叶植物可是一整年都能摇曳生姿的。

台湾吊钟花

圣诞蔷薇

绵毛

筋骨草

玉簪

叶色搭配

把叶形、叶色、大小不同的绿叶植物混栽在一起，不仅能让这片区域的视觉效果更充盈，也能营造出大自然的氛围。

扩展到境界

在庭院小路或台阶边缘，可以种植像野草莓等匍匐型生长的植物，也可以种植叶片纤细而铜黄的薹草。通过这样的植物，消除构造物之间的界限感，让风景更加自然美妙。

薹草

野草莓

狐狸草

玉簪

宝珠草

体现不同的叶片形状

把叶片平坦的玉簪、叶片细长笔直的薹草、比玉簪叶片更小一些的宝珠草搭配在一起，由于叶片形状相异，所以给人留下多样化的印象。

斑斓的叶片带来的明亮感

月季脚下，围绕着叶片亮丽的蝇子草。蝇子草的根茎匍匐型生长，常被当成地被植物。特别是叶片上的花纹，创造出明亮的风景线。

月季 / 瑞伯特尔

蝇子草

圣诞蔷薇

八角莲

金线草

大型绿叶植物的组合

沿着围墙栽培的小花园。为了遮挡水泥砖墙，这里有大量的灌木和略高一些的绿叶植物。圣诞蔷薇、八角莲等大大的叶片，给人留下生机勃勃的印象。

存在感强烈的玉簪

玉簪原本是在山野林间自由生长的野生草类，能够适应阴暗或半日阴环境。叶片宽大醒目，叶色种类繁多，最适合用来装饰自然风格庭院里的树荫角落。

天女木兰

双叶银莲花

玉簪

圣诞蔷薇

利用地被植物

场所及种植目的。

在花坛边缘或小径两侧，可以用匍匐生长的地被植物覆盖裸露在外的泥土。地被植物种类丰富，能满足各种栽培

初春

宽广的范围

落叶树下，是一整片绿油油的双叶银莲花。这是一个多年生草本植物品种，秋季开始，到深秋时节，地面上的部分全部枯萎。与落叶树搭配在一起，每当落叶时节到来，冬日暖阳懒洋洋地洒在地面上时，呈现出一片自然枯萎的景象。

初夏

双叶银莲花

玄关前的台阶

台阶或玄关前面、人工造型与地面之间的交界处，都可以用地被植物来掩盖分界线。这样一来，还能同时营造出自然氛围。这种情况下，请不要选择高大的植物。照片中是景天。

景天

踏脚石之间的间隙

为了隐匿庭院里的大谷石与种植区域之间的间隙，种植了一些山野草。如此一来，让交界线模糊不清，大谷石便自然而然地融入了植物风景区中，更加美观。

淫羊藿

知风草

缓和硬挺的线条

方形踏脚石往往会给人留下硬朗的人工痕迹，让地被植物覆盖住坚硬的边缘和硬角，可以缓和硬挺的线条。像在这样的人造通道上，可以种植一些踩几下也没关系的顽强植物。照片中是麦冬。

麦冬

麦冬

在阴凉处生长的植物

金叶过路黄填补在几棵苗壮的玉簪植株之间，也是一片郁郁葱葱的模样。落叶树下等半日阴或明亮的树荫下，同样可以种植耐阴的地被植物。

利用台阶落差

在高出一截的地方、台阶等地点，可以利用地被植物的覆盖能力缓和台阶的突兀感，营造自然风貌。

玉簪

金叶过路黄

在交界线上种植

植物区与通道或踏脚石之间的交界线,抑或构造物本身的边缘线,都是需要我们用植物来缓和的部分。

在交界线上种植

在人工堆积的石头堆上,绿色的叶子随意地搭在石头边缘,就好像大自然中最初可见的自然风光。

圣诞蔷薇

野草莓

月季/冰山

毛缕真

蕾丝花

麒麟草

矢车菊

百里香

选择茁壮成长的植物

玄关前的一小块空地上,种植了英国小雏菊。在这种地方或者踏脚石边缘等人们会路过的地方,要选择不会轻易受到伤害的顽强品种。

种在通道旁边

混淆通道和花坛交界线的植株。前面是比较低矮的品种,草花从后面洋溢出热情的召唤。高低不同的植物混栽在一起,形成自然风格的庭院。

英国小雏菊

月季 / 弗朗索瓦

隐藏栅栏

照片中是被引导到栅栏上的月季。利用栅栏、屏风、围墙等场地培育藤本植物，能把构造物与四周环境巧妙地结合在一起，让庭院风光更加接近大自然。

花叶芦苇

野燕麦

庭院与家宅之间的分割线

家宅门前的瓷砖和庭院里的红砖之间，生长着花叶芦苇和野燕麦，它们伸展着笔直的叶片，把家宅和庭院无缝连接在一起，立体感十足。

与隔壁之间的交界线

沿着与隔壁邻居家之间的栅栏，在最里面种植了栎叶绣球，近前是低矮一点儿的植物。只要视线移到栅栏这边，就会被这里的风景所吸引。

栎叶绣球

用小物件和道具来装饰

缀一下，一定会获得意外的惊喜。

毫无疑问，庭院的主角是花草树木，但是如果能巧妙运用小物件或道具来稍微点

初春

利用碎花盆

把碎花盆装饰成好像被土埋住了一半的样子。初夏，好像花盆倒下让植物撒了一地似的。植物越来越茂密的时候，花盆会隐匿在绿色当中。当冬季再次降临，植物枯萎以后，花盆则再次成为点缀庭院的亮点。

初夏

分散视线

在一片绿茵里摆放球形玻璃球。如果眼前只有背后的邮筒，会给人留下生硬的感觉，但是如果再加上有一抹淡绿色的大小玻璃球，就会分散一些注意力。

水缸给庭院带来的水景

在庭院的角落里摆放水缸。如果不能建造人工水池，可以用水瓶、水缸等物品让院子变得波光粼粼，春色荡漾。再养一些水草和几条小鱼，夏季还不会生蚊子。

小物件的点睛之笔

庭院里的木质水栓与铁艺水龙头搭配在一起。单纯如此，显然没什么亮点。那就在水栓上面摆放一个小松鼠的摆件，再加上一棵种植在贝壳里的多肉植物吧。

庭院里的大水缸

存在感极强的大水缸在庭院中央独树一帜。植物当中有一点人工的痕迹，就形成了庭院中的景致。如果近旁的植物茂盛，就能让这个人工景致与庭院风景结合在一起。这种使用方法，与其说重视物件的造型，不如说更重视素材的质感和颜色。

室外小桌也要配合整体风景

空调的室外机很容易显得突兀，但如果盖上一块木板会怎么样呢？上面摆放一些多肉植物或者小物件，突兀感立即消失，使其完全融入庭院风景中。

自由自在的盆栽装饰

利用盆栽的草花或树木，能让原本无法栽培植物的踏脚石、台阶等处也熠熠生辉。

装饰玄关

玄关门扉是原木材质，充满林间小屋的风格。那么，就选择自然风格浓厚、造型安静怡人的金边玉簪吧。在玄关周围等没有种植区域的地点，可以充分发挥盆栽植物的功效。

选择高矮合适的花盆

在庭院里的小桌上，摆放多肉植物的盆栽拼盘。因为放置的位置比较高，所以应当选择低矮扁平的花盆。同时，也要保证植物本身的高矮与花盆的比例协调。

多姿多彩的多肉植物

多肉植物的种类非常丰富，能营造出神秘而活泼的气息，适用于自然风格的庭院。因为大多数多肉植物喜好充分日晒和干燥的空气，并且是匍匐型发育的品种，所以适宜盆栽。多肉植物与石头花盆非常合适，风格随意自然。

观赏应季花朵

一年生草本植物可以种植在花盆里，每年更换。照片中的三色堇就是这种应季花朵。更换应季花朵的操作，原本就是一件乐事，同时也能保持庭院时刻生机勃勃。

选择与庭院风格一致的花盆材质

在自然风格浓郁的庭院里，不经意地摆放了一盆月季花。花坛里种植了很多绿色基调的草花，与红砖盆融为一体。

自由自在地布局

在庭院一角的小空地上，摆放着盆栽植物。这样一来，空荡荡的空间马上有了亮点。每一个季节更换应季的盆栽花草，就好像给庭院更换了新的妆容。

放置在高台上体现高度

如果使用了比较低矮的花盆，可以放在高一点儿的台子上来体现高度。这种情况下，请优先考虑庭院里的石头等天然素材，而不是那些人工装饰物，这样才能尽可能保持庭院的自然气息。

考虑庭院的设计

模仿中意的设计方案

搭建庭院之前，最重要的事情就是要确定好庭院的风格。听起来好像理所当然，但其实往往未经深思熟虑就开始施工。如果不在开工之前确定好理想的庭院设计，就会让庭院变成一个只是用来栽花种草的地方，体现不出整体美感。

庭院是与家人、友人、路人进行交流与对话的地方。因此构思庭院的时候，要设计出适用于全家人的方案。家里每一个人都拿出自己的意见，最终才能得到理想的方案。

虽说如此，但从零开始设计庭院并非一件轻松的事情。这时候，就是"模仿"发挥作用的时候了。各位读者可以从本书第一部分的实例中选择自己中意的风景或庭院设计方案，然后在此基础上变换出适合自己的风格。

与庭院相关的细节

享受草花的庭院，需要定期修整

种植空间大的庭院，想必植物茂盛而华美。与此同时，需要频繁修整，这意味着较长的庭院作业时间。

低维护庭院=基本不需要动手维护

种植空间小的庭院，氛围安宁祥和。利用踏脚石等阻碍植物大面积扩散，因此庭院作业时间比较短。

以配置图为基础考虑植物栽培

决定好庭院的设计方案以后，还需要确认庭院的现状。这时候，如果参考建筑房屋的配置图（外结构图）就会事半功倍。配置图中，应该标明建筑物、已有树木和构造物（围墙、栅栏等）的位置。以这种图纸为基础，确定好要铲除的植物、要更换的植物和要新栽的植物及其位置。这时候，不要忘了在图纸上标注邻居家的位置，以及对日晒方向和通风有影响的构造物的位置。

接下来，要在配置图上标注植株的位置。即使空间狭小，也可以在里侧种植高大的树木、在近前种植低矮的植株。这可是一种能体现庭院立体感的自然种植方式。选苗的时候，一定要预想到植株成熟以后的高度和宽度，留出必要的植株间隔。

如果只有草花，很难创造出植物落差，这时候可以花些功夫考虑如何利用树木或者栅栏。例如，最近前的植物下垂一点儿、匍匐向前伸展，或者与庭院通道连成一体。

植物种植计划的案例

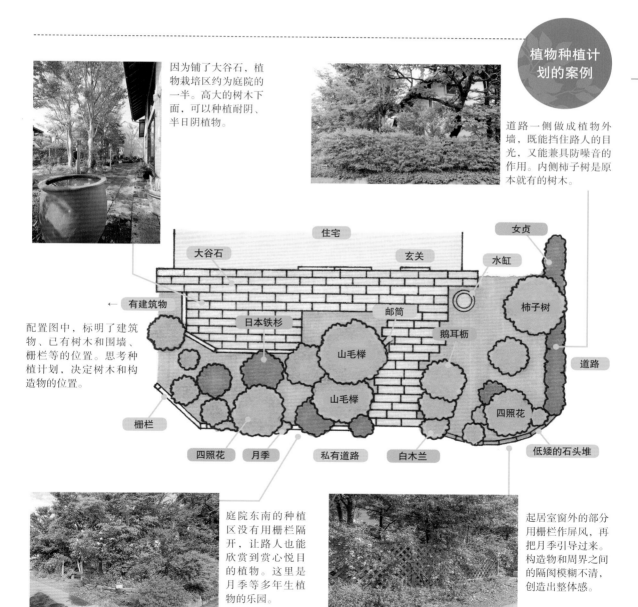

因为铺了大谷石，植物栽培区约为庭院的一半。高大的树木下面，可以种植耐阴、半日阴植物。

道路一侧做成植物外墙，既能挡住路人的目光，又能兼具防噪音的作用。内侧柿子树是原本就有的树木。

配置图中，标明了建筑物、已有树木和围墙、栅栏等的位置。思考种植计划，决定树木和构造物的位置。

住宅　　大谷石　　玄关　　女贞　　水缸　　柿子树

← 有建筑物　　日本铁杉　　邮筒　　鹅耳枥　　道路

山毛榉

山毛榉　　四照花

栅栏　　四照花　　月季　　私有道路　　白木兰　　低矮的石头堆

庭院东南的种植区没有用栅栏隔开，让路人也能欣赏到赏心悦目的植物。这里是月季等多年生植物的乐园。

起居室窗外的部分用栅栏作屏风，再把月季引导过来。构造物和周界之间的隔阂模糊不清，创造出整体感。

种植草花的时候要预留成长空间

想象成长以后的姿态

把中意的植物集中种在一起，常常因为过于密集而导致失败。特别是宿根草植物，每年都会继续繁殖，如果空间不够，就只能铲除多余的部分来调整。同样，有些小的植株在成熟以后会茂盛很多，所以种植的时候一定要预留出充分的空间。这就意味着，我们需要提前了解植物长大以后的高度。

为了避免失败，选择植物的时候一定要考虑好它们被种下去以后、发育成熟时的姿态。例如植物的高度、横向伸展的方式、与其他植物形色搭配的方式等，都是我们需要提前明确的要点。

在种植草花的时候预留成长空间，让人不禁担心"这么稀疏没问题吗"。但其实春季里稀疏弱小的植株，一定会发育成恰到好处，满满地装饰好整个庭院的茂盛草花。

种植 1 年后的植株

春

春季，刚刚种下的郁金香开花了。这时候还能看见裸露在外的土壤，植株略显稀松。

月季 / 蓝品红

初夏

毛缕剪秋罗

初夏，高个子的多年生草本植物和地被植物开始茂盛，已经看不见土壤了。去年种下的植株，今年已经初现自然风格的植物群落。

**种植 1 年后
的植株**

刚刚种下的多年生草本植物。薄荷
等植物都是生长茂盛的品种，所以
植株之间预留的空间比较大，裸露
在外面的土壤很突兀。

春季的模样。天气变暖，薄荷等植
物开始茂盛，土壤渐渐被掩盖。

初夏时节齐头并进。花坛是圆形的
水井风格，中央部位都是些较高的
品种，边缘处是些较矮的品种。

种植的窍门

模仿自然的种植方法

观察自生植物，我们会发现平面生长的品种很少，通常都是高矮各异的植物混搭着生长在一起，因此才有了立体感，形成让人久看不腻的风景（P78）。在我们搭建庭院的时候，也可以通过高低不同的层次感来营造自然景色。重点在于，要让空间舒展的方向、家宅附近的树木、高大的树木和树种趋于统一。

空间舒展的方向，会随着树木高低而变化。在没有高大树木的空间，上层空间具备通透的开放感。相反，如果树木很多，会体现出宁静祥和的氛围。

接近家宅的树木，起到连接房屋与庭院的作用，同时，也兼顾调和庭院与家宅的距离，让庭院显得更宽阔深邃的作用。

如果在狭窄的庭院中多种植一些高大树木，那些利落的树干可以营造出百木成林的氛围。

只要让树种尽量统一，就能让庭院里没有跳脱的感觉。这时候，还要考虑到落叶木、常绿木的平衡。落叶树多的庭院，自然风情更浓郁。

空间的舒展方式

没有树木的空间

没有高大树木的区域，上层空间开阔，形成通透的开放区域。纵向的开阔空间，不会影响光线照射，也叫作开放空间。

有树木的空间

种植了高大树木的区域，上层空间被树枝占据，是让人安心的区域。纵向空间受限，是半日阴的环境，也叫作限定空间。

靠近房屋的种植方法

白鹃梅

唐棣

槭树

与房檐高度基本一致

白鹃梅和唐棣的枝干茂盛，一直延伸到房檐附近。顶部略高于房檐，让庭院既具有整体感，又兼顾开放感。

超过房檐高度

作为代表树木，槭树高度超过房檐，一直抵达了2楼窗口，与庭院氛围融为一体，创造出安静的氛围。

植株的种植方法

大果山胡椒

乌桕白木

月季

高大植株的种植方法

种植在小乔木的乌桕白木下的，是小灌木大果山胡椒和美国鼠刺。它们自然而然地组合在一起，与更接近地面的玉簪、矾根、野草莓搭配出错落有致的层次感。

低矮植株的种植方法

以低矮的月季树为中心，各种植株按高矮顺序种植。在充满立体感的场景里，月季与百里香的绿色、矾根的米色、金叶过路黄浓重的紫绿色都是引人注目的亮点。

山毛榉

以山毛榉为中心的统一感

通往玄关的小路旁种植了高大的山毛榉，树种整齐划一。因为本来就是有存在感的树木，拉开种植间距，以寻求平衡。

落叶树与常绿树的平衡

为了实现遮挡路人目光的屏障功能，比例协调地种植了一些常绿树、落叶树品种。

青冈栎（常绿）

四照花（落叶）

树木的间隔

高大的树木用来勾勒庭院的形状，种植时不要过于密集，要留出一定的间隔。灌木林风格的庭院里，不需要树木排列整齐，可以随意布局，这样的效果更加自然。另外，植株之间的空白区域也不需要大小统一。

草花的间隔

多年生草本植物每年都会长大，所以种植的时候要尽可能留出充足的间距。如果直接种植成熟的植株，可能会导致第二年过度繁殖或者发生病虫害等问题。

春

初夏

Part 3

第三章

培育植物的基本知识

虽然树木和花草都能让庭院变得色彩缤纷，但它们各自所需要的管理方法并不相同。用适当的方法来照看植物，它们才能活色生香。

了解庭院的环境

首先要确认日照状况

说到庭院，相比周围的状况会受到一些局限，恐怕难以享受到一整天充分的阳光照射。日照的状况会根据占地周围的地形、邻居家的围栏、庭院与建筑物之间的格局、树木栽培形状而发生变化。特别是不同季节或不同时间条件下，日照的方向和时间也会有所变化。

我们想象一下方位，南向的庭院能接受到更多的日照，所以南向的庭院适宜于大多数植物，一般来说，不管哪种植物都能在这里良好地生长。

而北向庭院由于受到建筑物等因素的影响，日照状况不良，很难说这样的地方适宜植物生长。在这样的地方，应该选择适合在半日阴环境中生长的植物。

东向或西向的植物，只能在上午或下午的固定时段享受日照，所以称之为半日阴庭院。虽然与北向庭院相比，东、西向庭院可选择的植物种类更多一些，但是西向庭院在下午受到的日晒非常强烈，所以请谨慎选择植物种类。

庭院的日照及通风

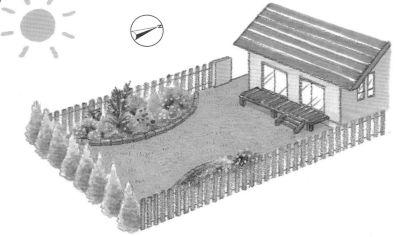

南向庭院①
如果与邻居的位置、距离或其他种植的树木都比较远，那么就能保证日照良好，适宜于大多数植物生长。

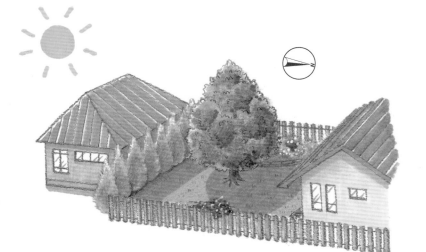

南向庭院②
虽然庭院是南向的，但由于与邻居的位置、距离或其他种植的树木比较近，所以成了半日阴或全阴场所。

考虑气温、湿度和通风效果

每种植物都有最适合生长的气温、湿度等气象条件。有的植物喜爱高温环境，而有的植物在寒冷的区域反而能生长得更好。或者，有的植物喜爱湿度高的地方，有的植物则具有超强的耐寒性能。可谓各有千秋。

要充分了解自家庭院所在地区的气候条件，结合自身情况来选择能够生长的植物。这对于构建庭院来说，是重中之重。

另外，对于植物的生长来说，通风也是一件非常重要的事情。如果通风不佳，可能导致植物生病，也可能让植物生长变得缓慢。与日照一样，通风也会因为庭院所处的环境发生很大的变化。同时，还不得不考虑季节性通风状况的变化。如果整体是南北通透的格局，那么基本上一年四季的通风效果都会比较理想。但是，冬季会有强烈的北风。如果正好位于这样的强风区域，请一定要注意进行防风措施。

栽培植物的时候，首先要了解所处地区的气象条件，然后调查栽培植物地点的日照、通风、土质等详细信息。在最后购买植物的环节，一定要牢记：选择适合具体情况的物种。如果没办法判断，请直接向购买植物的园艺商店咨询吧。

北向庭院

建筑物北侧日照不佳，天气晴朗时也只能接受短时间日照。对于这样的场所，请选择耐阴性强的花草树木。

庭院中有大片日阴区域

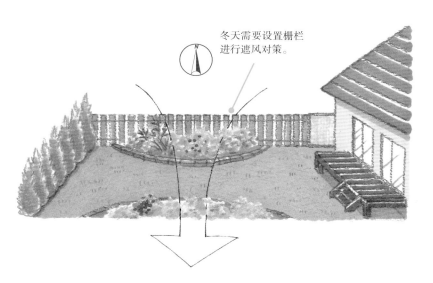

冬天需要设置栅栏进行遮风对策。

通风

南北通透的场所，就能具备良好的通风效果。虽然能防止植物生病，但在冬季北风强劲的时候，请一定要设置栅栏进行遮风。

植物喜爱土块结构的土壤

土壤，承担着向根部提供水分和营养的重要责任。同时，土壤自身也会对植物的生长和发育起到很大的影响。有些植物喜欢透水性能良好、干燥的土壤，而有些植物则喜欢略微湿润的土壤；有些植物喜欢土壤中有大量肥料，但也有植物品质优良，即使土壤中没有那么多肥料，也能健康地开花结果。

基本上，我们需要了解准备种植植物的土壤是什么类型，然后再有针对性地去选择植物。如果有需要，可以对种植场所的土质进行改良（P107）。如此一来，或多或少可以拓宽一些选择植物的范围。

对大多数植物来说，适宜的土壤质量应该是：透水性良好，保水力优良，兼具优越的透气性和保肥性。透水性和保水力是一对正好相反的概念，为了兼顾这两种性质，被"土块化"后成为"土块状态"的土壤应该是上上之选。土块结构的土壤，其透气性与保肥性也非常卓越。

**土块结构与
单粒结构的
土壤**

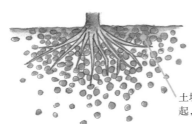

土壤颗粒紧紧地埋在一起，几乎没有间隙。

单粒结构

由非常细腻的土粒形成的单粒构造的土壤，土壤颗粒之间的间隙很小，所以透水性比较差、透气性也不好。这种土壤不适合植物的根茎发育。

只进行了耕地的土壤①

只要经过耕耘，土壤就会变成土块结构。但是，这样形成的土块结构很脆弱，一脚踩上去就会立即固化，重新回到单粒化的状态。

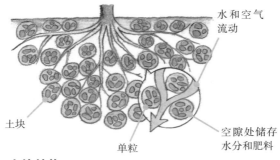

水和空气流动

土块

单粒

空隙处储存水分和肥料

土块结构

单粒土凝结在一起，就会成为个头略大的土块。这些比较大的土块聚集在一起，就是土块结构的土壤。土块结构的土壤具备良好的透水性和透气性，在土块吸收水分并保存水分的同时，也兼顾了良好的保肥性。

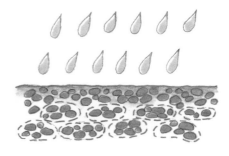

只进行了耕地的土壤②

如果只进行耕耘，随着降雨和浇水，土块状的土壤就会重归颗粒化。

施加有机物来实现土块化

只有细腻的土粒(单粒)集合在一起的土壤，叫作单粒结构的土壤。单粒结构的土壤没办法具备良好的透水性和透气性，这会阻碍根部的发育，如此一来，植物本身的特性也就无法实现。

而在土块结构的土壤中，单粒土壤已经结成了更大一些的小土块，土块之间形成的间隙能提高土壤的透水性和透气性。而且，土块能储存水分和肥料，这意味着保水性和保肥性也更加良好。

让土壤变成土块结构的最简单的办法就是

耕地。把土掘开好好翻动，能让土壤中混进空气，变成蓬松的土块结构。但这样形成的土块结构在风雨、踩踏中很快就会固化，很容易重新回到单粒结构的状态。

为了长时间保持土壤的土块结构，我们应该先把大量的堆肥或腐叶土等有机物质混进土里，然后再耕地。如此一来，微生物分解有机物质的行为会非常活跃。作为结果，单粒土壤不仅成为土块结构，而且有机物质被分解以后形成的无机物质也恰好成了植物的营养成分。

土块土壤的制作方法

1 参考种植植物的大小，挖一个坑，坑内侧应该比植物的根部大一圈。

2 把堆肥或腐叶土倒进坑里，堆肥将成为植物的养分，可以多施一些。

3 把土填回来的时候，要用铁锹把土和有机物质充分地混合在一起，然后根据植物根部大小调整填埋土的分量。

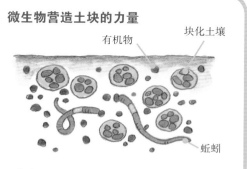

微生物营造土块的力量

有机物　　　块化土壤

蚯蚓

土壤中包含的有机物质，促进了土壤中微生物的活动，最终形成块化土壤。有机物被土壤中的微生物分解以后，成为无机物，进而作为营养成分被根部吸收。

栽培草花

在适当的时期栽培优良的幼苗

作为一棵优良的幼苗，首先茎部应发育得足够粗壮，并且枝叶没有徒长的现象。徒长幼苗的每一片叶子之间，都有很大的距离，发育状态稀松零落。如果日晒不足或肥料过剩，就有可能造成幼苗徒长。这样的状态是植物发病的原因之一，请尽量回避。

另外，请选择叶片颜色浓重、伸展姿态良好的植株。如果叶片颜色淡，看起来发育得不好，那就是根部发育不良的证据。千万不要忘记确认有无病虫害、

有无各种疾病。

在适当的时期栽种幼苗，这是成功的首要条件。通常，园艺商店和购物中心的园艺区出售的植物，都是适合当下栽种的当季植物。但根据每年气候的变化和种植场所的实际环境，可能需要前后调整栽种时间。让我们同时考虑实际的气候条件等因素，选择最适合的时间栽种吧。

栽种时要考虑到植株之间的间隔，别忘了它们长大以后需要的空间。

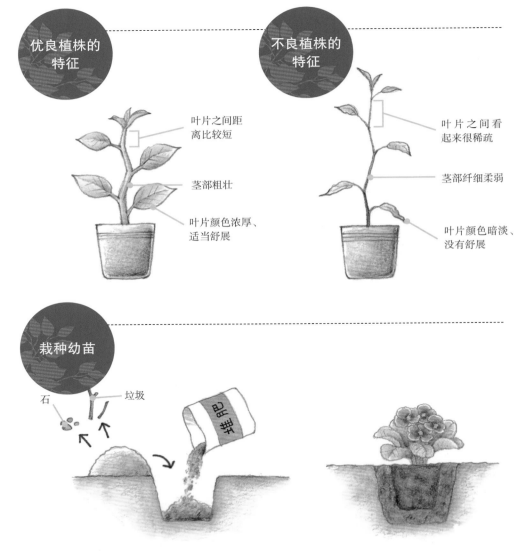

优良植株的特征

叶片之间距离比较短

茎部粗壮

叶片颜色浓厚、适当舒展

不良植株的特征

叶片之间看起来很稀疏

茎部纤细柔弱

叶片颜色暗淡、没有舒展

栽种幼苗

石　垃圾

肥料

1 把种植地点的土挖开，扔掉石头和垃圾。导入堆肥和腐叶土，与土壤混合在一起。

2 把幼苗栽种到土壤里，把原盆土壤与地表土壤取平。用力按压植物根部周围的土壤，把植物固定住。

种植树木

选择适当的时期种植，树木才能茁壮成长

为了尽量减少在种植过程中给树木造成的负担，应该配合树木的特性选择种植时期。另外，还应该考虑到植物生长所需要的条件，充分考虑日照等因素。

每种植物，都会伴随一年当中气候的变化，来调整自己的生长周期。对于每一种树木来说，在各自的生长周期里都有最适合转移种植场所的时期。如果我们恰好能在这段时间里移种，就能尽量减少给植物造成的负担，让树木茁壮成长。

初冬到春季这段时间，是落叶树的休眠期。因此在每年11月到次年3月期间，落叶树的叶子全部脱落，这时候是转移的最好时期。

常绿树通常都喜爱温暖的气候，所以适合转移常绿树的时期分别是发芽之前的3—4月、短期停止生长的6月、发育趋势平稳的9—10月。而对于针叶树来说，最适合移种的时期则是刚刚开始成长的3—4月。

应该选择没有风的日子移种树苗，最好在阴天或雨后进行。

树木的种植

花盆　　　　　　　麻布

1 有些树苗的根部被种植在花盆里，也有一些直接用麻布包着。如果是花盆，则要小心地从花盆中取出树苗，注意不要伤到树根。如果是麻布包裹，直接去掉包装物即可。

2 在地面挖坑。根部的土块要略高于地表土壤。调整好位置以后把树苗放进土坑里。回填土壤，用土在根部周围一圈较高的围挡，防止水从土坑里流出来。

3 在围挡内侧大量浇水。等待水分渗入土壤中，然后继续浇水。反复进行2~3次。

4 把铁锹插进根块周围，一边排空空气，一边让土壤结合得更紧实，消除掉根部与土壤之间的缝隙。

5 把根部周围的土围挡踩碎，整理土地。

6 立一根支柱，与幼苗主干交叉，用绳子固定好。

花盆选择视材质和形状而不同

选择种植花草的花盆时，不仅要考虑与花草的搭配组合、色彩与造型，还需要考虑花盆本身的材质。

通常，在花盆的材质方面，既有透气性良好、适宜栽培的素烧花盆，也有轻巧便捷的玻璃纤维花盆，还有耐久性欠佳但备受植物喜爱的木质花盆，更有色泽、质感俱佳的时尚金属花盆。金属花盆底部往往没有透水口，别忘了用钉子扎一个小洞。我们了解了各种材质的花盆的特征，才能根据植物种类、用途等因素来选择合适的花盆。

花盆的形状各不相同，让我们选择最适合花草姿态的那一款吧。常见的花盆形状有盆形、正方形、桶形、长方形等，还有适合用来栽培藤本植物的挂在墙面上的吊篮形。

花盆的类型

桶形

常见的传统花盆，应用范围广泛。因为有足够的深度，最适合用来种植球根、花木等可以深深扎根的植物。

盆形

口径大于高度。因为欠缺一定的高度，所以不适合用来种植扎根很深的植物，但可以用来种植搭配植物。

正方形

四角形花盆，稳定性能良好。适用于高大的植株和花木等。

吊篮形

种类很多。例如挂在墙面上作装饰的半圆形吊篮，能从四个方向看到花草姿态的垂吊形吊篮等。

长方形

长方形花盆，可以营造出平面感。如果在里面巧妙搭配高矮各异的花草，能搭配出有进深感的效果。

在盆内种植

移植时，把根盆弄小

　　我们购买花苗的时候，通常都是带盆（塑料盆）购买。移种的时候，要把花苗从原来的花盆中取出来，如果移种之前把根部略微缩小，就能在一个花盆里种上多株植物。同时，设计的空间也更大一些。

　　花草的种类各有不同。如果植物的生长期正好处于春夏之际，那么即使轻微修剪一下根部也不伤筋骨。在这个时期，我们可以尝试把盘绕在花盆底部的带状根——也叫作"盘根"的部分，与土一起去掉。如此一来，新生根才能进一步成长，吸收更多的肥料和水分。在移种的时候，如果能把盘根和盘绕在花盆底部及肩部的根以及土壤都去掉一圈，就能让根部变小。

　　移种到花盆里，与移种到庭院里不同，由于根部可以发育的范围受限，所以需要每年都移种一次。时不时地移种一次，或者按季节来重新种植花草，也不失为一件乐事。

向花盆中移种

肩部　　侧面

圆形盘根：在花盆底部，蜿蜒盘绕的硬质带状根。

1 一边按压花盆地面，一边倒扣着把花苗取出来。确认根部是否盘绕得过于紧密。

2 为了让根部舒展开，应该去掉硬质禁锢的盘根。如果准备在同一个盆里种植多株植物，则需要把根的肩部和侧面都缩小一圈。

3 按照底石、培养土的顺序填盆，然后把花苗放进去调整高度。让植株自带的土块与盆里土的高度取平，然后填埋缝隙，浇水。

移种的时候

把盘根和盘绕在肩部与侧面的土、根一起去掉一圈。根部缩小以后，能在同一个花盆中种植若干棵植株，也能加强设计感。

浇水、护根

基本上不需要给庭院浇水

花盆里面的土壤容易干燥，需要频繁地浇水，但对于庭院里的土壤来说，很少有完全干燥的情况，所以完全不需要像照看盆栽植物那样费神浇水。除了连续干燥的情况和透水性极端良好的情况以外，基本上没有必要浇水。

但是，在刚刚种植的第一年里，还是需要在土壤干燥的时候浇水。另外，在夏季等极端干燥的时候，还是需要时不时给庭院土壤补补水。对于那些本来就透水性良好、容易干燥的土质，以及斜面构建的庭院来说，在降水不足导致持续干燥的时期，请务必要考虑土壤完全干透的可能性。

浇水的时候，很重要的一点就是要"完全浇透"。如果只有表面土壤轻微湿润，根部就能把水分完全吸收，而土壤里并没有积蓄下水分。所以请不要忘记，浇水的时候不仅要让水分抵达植物根部，也要让水分渗透到土壤缝隙中去。

浇水的基本方法

地栽

在连续干燥的时候或容易干燥的地方，我们需要根据实际需要浇水。用装配了喷头的软管，把大量的水均匀地洒在地上。如果水分不够，土壤里就不能积蓄水分。

盆栽

对于盆栽来说，春秋每天早晨浇1次、夏季早晚各浇1次、冬季土壤干燥后在早晨浇1次。浇水的程度要让水从花盆底部流出来，浇2~3次。

用护根手法防止干燥

气候干燥的时候土壤容易干燥，我们可以把稻壳、腐叶土等堆放在根部周围，预防土壤干燥。浇水的时候，直接浇在护根上就可以。

过夏、越冬

对于植物来说，夏季和冬季是极端温度的季节

我们可以说日本的夏季和冬季是植物无法忍受的时期。因此，如果我们不花些功夫，植物有可能就此枯萎。

为了过夏，我们可以在夏季到来之前多施一些含有钾成分的肥料，增强植株的抗病虫害能力。而且夏季的强光容易造成干燥，引起焦叶，所以我们需要提前用遮光布做好防晒、强化通风。如果是盆栽花草，可以提前搬到半日阴或树荫下避暑。

冬季，我们可以在霜降之前给植物去尖——减少内耗，帮助植物安全过冬。对于原本就不耐寒的盆栽植物，应该在严寒期到来之前就把它们搬到室内去。对于种植在园子里的植物，我们可以在根部覆盖一些稻壳、泥煤苔来维持地下温度。也可以把植物连根挖出来，移种到花盆里以后搬到室内保管。

过夏的方法

对于无法移动的地栽植物，可以利用牵牛花等在夏季越来越茂盛的植物来创造阴凉。

对于盆栽植物，可以移到阴凉区躲避日晒。

越冬的方法

如果地上部分枯萎了，可以在根部覆盖一些稻壳、泥煤苔来保温，也可以进行剪枝操作。

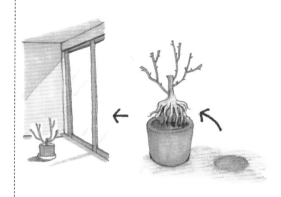

对于不耐寒的植物，可以连根挖出来，移种到花盆里以后搬到室内保管。

用摘芯的方法增加花朵数量，花落后不要忘记摘掉花蒂

只要认真管理，色彩缤纷的花朵就能装点整个庭院。如果能在开花前细心照看，就能开出很多漂亮的花朵。

为了增加花朵的数量，让叶子更加繁茂，我们需要进行摘芯。花卉进入成长期，叶子刚刚开始变茂盛的时候，就应该摘掉新芽的部分。这样一来，才能让更多的枝条发育出来，让花朵的植株更加繁茂。

在经历了花期以后，植物就要开始准备结种了。这个过程中，植物需要大量的营养元素，无形中会减少用于自身成长以及开花所需的营养供给。所以，只有在结种之前摘掉已经凋谢了的花朵，才能保存住这个植株的体力，这叫作"摘花"。

另一方面，如果对凋谢了的花朵置之不理，不仅视觉上不美观，还有可能成为病虫害的根源。为了防止后续的一系列问题，摘花可是非常关键的一步操作。

摘芯的方法	摘花的方法

1 在生长态势良好的时候，从新芽的下一层叶子的上面剪断即可。也应该针对整个植株进行这种处理，从而增加花茎和枝条的数量、增加花朵的数量，也能让植株更加繁茂美观。另外，这种处理也兼具控制植株高低的作用。

2 摘芯后，还会有新芽从切口下面的叶根处生出来。花茎继续生长，花叶和花朵的数量将变得更加丰富。

有花茎的植株

像月季、堇菜、毛缕剪秋罗等，花期结束后要尽量把包括花茎在内的部分都摘掉。切记，从根部摘取。

花茎短的植株

像杜鹃花那样花茎短的植株，应该在花谢后按顺序剪掉花朵，最后在结束花期的花茎根部（A）剪断。

通过去尖的方法促进成长，但也别忘了施肥

成长所需的养分，大量地集中在新芽部分。而那些老芽和旧叶则很难接收到营养成分。可是如果因为这个原因，让新芽不断生长，那么植株整体的形状就会失衡，茎下半部分的旧叶将会逐渐枯萎。

为了预防这样的现象，在大部分花朵都要凋谢的时候，我们可以在所有花茎的1/3~1/2处去尖。这是为了给植株带来整体的刺激，进而促进植株继续成长。如果在去尖之后适当施肥，那么植株的生长态势会愈发迅猛。去尖的切口下方，还会发出新芽，然后继续绽放第二批花朵、第三批花朵……大多数的草花都难以忍受

闷热的酷暑，所以在盛夏来临之前，我们就应提前进行去尖。其目的不仅在于减轻植株的负担，还能增强通风性、防止植株变得柔弱。去尖以后，总会发出很多生机勃勃的新芽。到了秋季，整个植株的形态应该已经变得非常丰满，而且已经繁花盛开了。

但是，去尖的时间非常重要。如果错误地在植株很柔弱或者正处于发育迟缓期进行去尖的话，很有可能损伤植株，导致其枯萎。所以，请仔细观察植株的状态，选择正确的时机来去尖。

去尖的方法

1 薄荷这种枝叶繁茂的植株，很容易发生透风性不良的问题。在植株的1/2~1/3处去尖能有效促进生长。

2 去尖后，新芽蓬勃而出，植物精神焕发，开始新一轮成长。

施肥的方法

固体肥料

按照产品标签上注明的使用量，取适量固体肥料。把固体肥料绕圈撒在植株周围，用小铲子把肥料和土充分混合在一起。

液体肥料

按照产品标签上注明的稀释比例，用水稀释液体肥料。像浇水一样，用烧杯等容器把肥料浇在土里。

挖出来分株就能繁殖植物

直接购买种子或幼苗来种植很方便，但是一旦你开始热爱栽培，就会无论如何都想享受通过自己的双手来增加植株装饰庭院的乐趣。

繁殖植物的方法有很多，可以根据植物的性质和目的来选择。但无论选择哪种方法，只要掌握了其中窍门，就都不是难事。

如果植株已经很大了，可以直接挖出来分成若干棵。这对于宿根植物以及一部分树木来说，是最基本的分株方法。

分株的目的，并不仅仅是为了增加植株的数量，也是为了通过分株来刺激植物，从而促进植物继续生长。其实分株以后的植物，都会陆续生出新芽，变得越来越充实。所以，即使并不需要增加植株数量，也应该每3年左右进行一次分株——这可是让植物重获新生的机会。

说到适合分株的时间，则需要根据植物种类分别判断。通常来说，植物进行休眠的秋季到春季比较理想。

分株的顺序

1 用小铲子把过分繁茂的玉簪从土里挖出来，尽量不要伤到主根茎。

2 用手把根部分开。如果难以分开，可以用剪刀或菜刀直接割断。

3 摘掉陈旧根茎或受伤发黑的部分，轻轻抖动植株，把根部上面带的土抖掉。

4 让根的肩部与地面取齐，移种完成后浇水。

通过分球、插芽和插枝、种子来繁殖

对于球根植物来说，可以利用母根（原来的球根）旁边生长的子根（新生球根）来繁殖。进入休眠期后，把球根挖出来干燥，然后把子根掰下来保存，等待可以种植的时期。

插芽和插枝的方法，是在成长期剪断草花或树木的顶芽或侧芽，然后插进土里来繁殖。这是一种只用于绝大多数花草树木的繁殖方法。对于树木来说，这叫作插枝。适合进行插芽、插枝的时期，通常是环境温度处于 15~25℃之间的季节。

为了防止花草消耗体力，我们需要在花谢后结种前摘花，甚至通常可以不取种子。有些植物能够在自身种子成熟后，自然而然地让种子散落到地面上或飞向远方。

如果用种子来进行繁殖，需要在花谢后且种子尚未完全成熟之前摘下果实。取下来的种子需要在阴凉处风干，然后放进装了干燥剂的瓶子里保存，直到适宜播种的季节到来。

有些繁殖力很强的一年生草本植物，通过自己播种就能持续不断地繁殖。如此说来，为了防止某种植物过度繁殖，也是需要人工采集种子的。

通过分球繁殖

球根植物枯萎以后挖出来，把主干周围生长的子球一个一个掰下来。

通过种子繁殖

种子即将成熟的时候，把果实摘下来充分晾干。取出种子，干燥后放进装了干燥剂的瓶子里保存。

通过插枝和插芽繁殖

1 用剪刀把需要插芽和插枝的植物的枝条剪断，然后把枝条插进育苗箱里或插进装了培养土的桶中。

2 缓慢地浇水。为防止干燥，可以装进透明塑料袋中，上面的封口处略留缝隙即可。

树木的管理

疏剪法与短剪法

在照看庭院树木的一系列工作中，剪枝是必不可少的一项。说到剪枝，往往会给人以"非专业人士不可"的刻板印象。其实，只要掌握了共通的基本理念，就能应付大多数的树木、应对大多数的场面。

基本的剪枝方法有 2 个，分别是"疏剪法"和"短剪法"。

疏剪法，是从枝条根部剪掉那些影响树冠形状的乱枝，剪掉互相交叉的枝条的方法，也叫作"透风剪枝"。

疏剪法的效果，是可以通过减少枝条的数量，让阳光能进入树冠中央，还可以让透风性更优良，从而减少病虫害发生的可能性。

而只把树枝剪短的剪枝方法叫作短剪法。通常在完成疏剪的操作以后，再根据实际情况判断是否要继续进行短剪。经过短剪以后的树木，还能从枝权上长出饱满的新芽，但新芽的生长态势却会受到剪枝强弱的影响。一般来讲，强剪枝（留下的枝条很短的情况）之后新发出来的枝条生长速度迅猛，能长成细长的新枝。

对于落叶树来说，剪枝应该在休眠期的 12 月至翌年 3 月进行；对于常绿树来说，则应该在 3—4 月或 9 月进行。

从根部剪掉不要的枝条

观察树木的整体形状，从根部剪掉那些不要的枝条。"不要的枝条"，指的是根蘖枝、干枝、徒长枝、交叉枝、倒枝、立枝、车轮枝、平行枝、搭接枝等。

根蘖枝▶ 在接近树木根部的主干上长出的新芽，通常向上生长。如果需要营造独特的树木造型，也可以考虑留下。

干枝▶ 从树干中间萌发新芽发育而成的树枝。可以考虑留下若干用于树木造型的枝条。

徒长枝▶ 从主干或主枝长出来，发育速度明显高于其他树枝、长度突出的树枝。花木的徒长枝上开不出花朵。

交叉枝▶ 与其他必要的枝干交叉生长，作为树木整体的一部分，显得很不自然。

倒枝▶ 与其他枝条倒向生长，向下或向树干侧伸展的树枝。

立枝▶ 笔直朝上生长的树枝。

车轮枝▶ 从一个地方长出来的若干条放射状枝条。只留下发育良好的那一枝，剪掉其他多余的。

平行枝▶ 与想留下的枝条平行生长，粗细长短都相似的树枝。

搭接枝▶ 指那些与其他树枝纠缠搭接在一起的树枝。树枝之间相互刮碰会造成外伤。

剪枝的时候，不仅要剪掉这些不要的树枝，还要同时剪掉那些枯枝、伤枝等。

首先从疏剪开始，然后再根据实际情况判断要不要进一步短剪，最后修正剩下的树枝的外观。短剪的时候，并没有标准规定的长度，需要根据树种以及当时树木的状态来判断。原则上，对于那些明显比周围更长的枝条，可以从这根枝条顶部 1/4~1/3 的新芽上面剪断。

树木各部位名称

主枝
主冠上生出来的枝条，形成树木形状、构造树木造型、成为树木骨骼的树枝。

树干
树木的枝叶繁茂的部分。树干的形状，决定整棵树木的姿态。

侧枝
从主枝上生出来的树枝。侧枝上会长出很多枝叶，让树木整体郁郁葱葱。

主干
树木中心的部分。通常指从地面开始到树干开始分枝为止的部分。

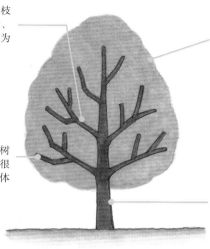

应该进行疏剪的非必要枝条

徒长枝
也叫作"飞枝"。相较其他枝条，徒长枝长得又快又长。

平行枝
粗细长短都相似，平行生长的树枝。剪掉其中一枝。

车轮枝
从一个地方长出来的若干条放射状枝条。只留下发育良好的那一枝，其他枝条剪掉。

搭接枝
与其他树枝搭接在一起的树枝。接触部分需要剪掉。

立枝
笔直朝上生长的树枝。

倒枝
与其他枝条生长方向相反，或向树干内侧或向下伸展的树枝。

交叉枝
与其他必要的枝干生长方向有很大出入，与主干或主枝相交叉的树枝。

枯枝等
折断的树枝或干枯的树枝。

干枝
在树干上萌发的新芽发育而成的树枝。可以考虑留下若干用于树木造型的枝条。

根蘖枝
从根部或根部附近的土里长出来，长势惊人的新芽。

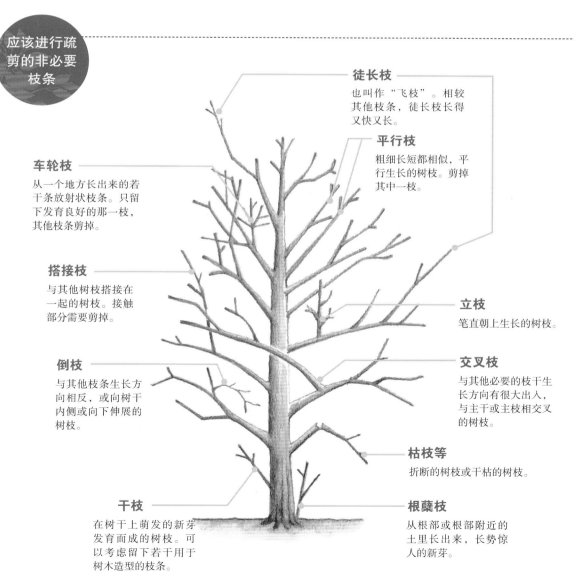

疏剪法

整理非必要枝条，让交错复杂的部分条理清晰，增强树冠内部的光照和通风。

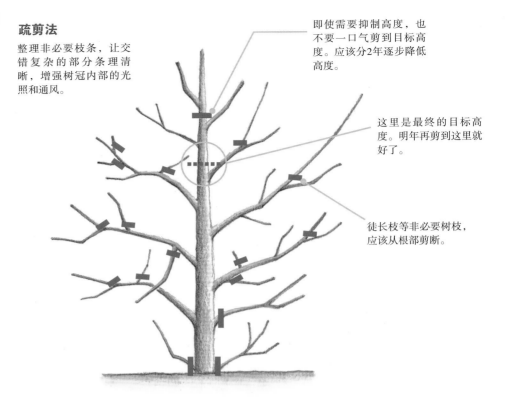

即使需要抑制高度，也不要一口气剪到目标高度。应该分2年逐步降低高度。

这里是最终的目标高度。明年再剪到这里就好了。

徒长枝等非必要树枝，应该从根部剪断。

短剪法

通常在疏剪之后进行。剪断那些影响树形、过度生长的枝条，这样能保持树木适当的高度和形态。

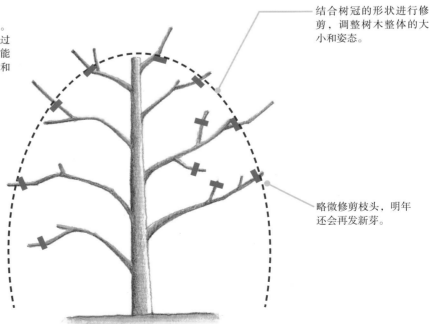

结合树冠的形状进行修剪，调整树木整体的大小和姿态。

略微修剪枝头，明年还会再发新芽。

顶芽与侧芽

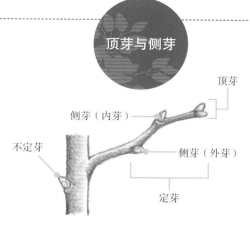

顶芽

侧芽（内芽）

不定芽

侧芽（外芽）

定芽

植物的嫩芽，通常只能长在茎顶（茎的顶部）和叶侧（叶子的根部）。长在茎顶的新芽叫作"顶芽"，长在叶侧的新芽叫作"侧芽"。还有些新芽长在其他地方，这些可以统称为"不定芽"。侧芽当中，还有长在枝干侧的内芽以及与枝干相反方向的外芽，修剪的时候基本上应该从外芽的略上一点点剪断。

剪枝的位置

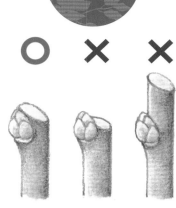

剪枝的时候，要从新生嫩芽上面5mm左右的地方斜着修剪。从留下来的嫩芽处，还能生出新枝。而连着嫩芽一起剪掉，反而会生出其他非必要枝叶。枝干留得太长或太短，都可能造成树枝枯萎，请仔细甄选位置。

短剪法的强弱

修剪前的枝

① ② ③

进行短剪的时候，断枝的长度会影响明年长出的新枝的长短。如果留下的枝条很短，叫作"强短剪"；留下的枝条略长，叫作"弱短剪"。可以根据明年所需的枝条长度，来选择短剪的位置。

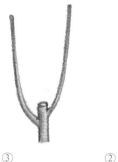

③ 强短剪后的枝条伸展方式

② 略强一点短剪后的枝条伸展方式

① 弱短剪后的枝条伸展方式

粗枝的剪法

对于剪刀都剪不断的粗枝，可以用小锯条分几次来锯断。如果集中在一处锯断，树枝的重量可能会把树皮和剩余的树枝撕裂。所以，请先在树枝上锯出断口，然后再从根部切断。

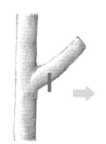

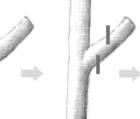

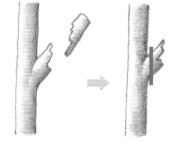

在距离根部稍远的位置下方，锯出断口。

在比 1 更高一点的位置上方，再锯出一个断口。

托着树枝顶部，折断树枝，这样能防止树皮被撕裂。

4
放下沉重的树枝，把剩余断口的部分从根部切断。

剪枝之后进行引导

藤本植物大多繁殖力旺盛，从初夏到夏末的生长期里，枝叶会不间断地生长发育。

虽然看着植物自然繁茂是一件乐事，但为了整理出美观的造型，还是需要进行一定的剪枝和引导。

适当引导藤本植物的伸展方向，让它们恰到好处地攀爬到栅栏、拱门、墙壁等理想场所。这时候，难免枝顶的叶片茂盛而沉重，这就不得不剪掉一些向下生长的、茎叶柔弱的枝条了。另外，还需要把逆向生长的非必要枝条剪掉。这样，不仅使藤本植物的伸展姿态良好，也能强化通风效果，避免病虫害的发生。

引导的优选时期是水分较少、植物容易弯曲的 12 月和翌年 1 月。引导之前要先剪枝，然后把枝条引导到正确的方向上去。枝条沿着水平方向伸展的时候，最容易开花呢。

引导藤本植物

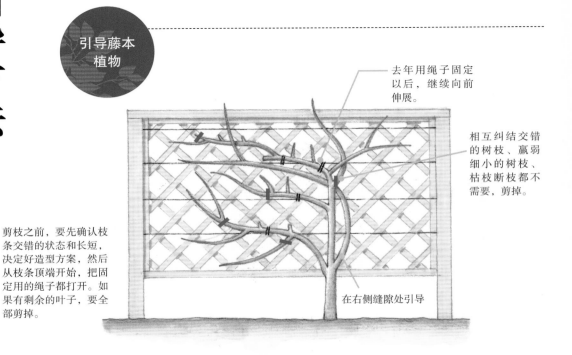

去年用绳子固定以后，继续向前伸展。

相互纠结交错的树枝、赢弱细小的树枝、枯枝断枝都不需要，剪掉。

在右侧缝隙处引导

1 剪枝之前，要先确认枝条交错的状态和长短，决定好造型方案，然后从枝条顶端开始，把固定用的绳子都打开。如果有剩余的叶子，要全部剪掉。

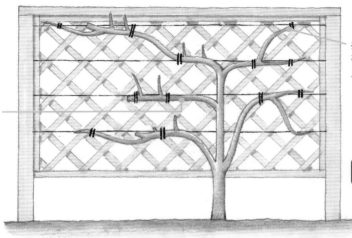

如果是藤本植物，沿着水平方向伸展的时候，最容易开花。

把枝条引导到正确的方向上去，用绳子固定。

2 剪枝以后，需要重新引导枝条的方向。因为沿着水平方向伸展的时候，最容易开花，所以要尽量水平引导。

第四章

Part 4

适用于小庭院的植物图鉴

希望能在您挑选植物的时候有所帮助。

植物，可是庭院里必不可少的存在。本章节中介绍适用于小庭院的植物，及其特征及栽培方法。

宿根植物、多年生草本植物

"宿根植物"，指的是地面上部分在冬季枯萎但是根部等地下部分进入休眠状态越冬，然后第二年春天根部再次发芽、生长、开花、结果的花草。通常，球根植物不包含在宿根植物里。还有个别植物冬天不枯萎也能越冬，我们把这些植物统称为"多年生草本植物"。

与在一年内完成整个生育循环的一年生草本植物不同，多年生草本植物能在很多年里持续循环整个生育过程。

日本原生的山野草，多为宿根植物。对于需要营造自然景观的庭院设计方案来说，宿根植物是不可缺少的存在。这种植物还可以大致分为"拔高类""茂盛类""蔓延类"这三个种类。

大星芹（**Astrantia**）

伞形科　星芹属

DATA

草高 ▶ 30~80cm　花期 ▶ 5—7月
花色 ▶ 粉色、红色、白色　日照 ▶ 半日阴

特征 貌似花瓣的地方其实是花苞，上面桶形的小花呈半球状，集中在一起批量开放。草姿安静沉稳，有种娴静的氛围。已知原种有10多种，多为园艺品种。

栽培 喜好半日阴环境中保水性良好的土壤。不耐热，适应略寒凉的地区。地温上升后根部变弱，在温暖地区种植的情况下，需要加厚护根层。

紫锥菊 拔高

菊科　松果菊属（紫松果菊属）

DATA

草高 ▶ 60~80cm　花期 ▶ 6—9月
花色 ▶ 粉色、红色、橙色、黄色、白色、绿色
日照 ▶ 向阳处

特征 别名叫作紫松果菊。花朵集中在中央部位，向上生长。花开放的时间越长，花瓣越向下倾斜。花期长，是夏季庭院里的主要花卉之一。

栽培 喜好向阳环境中富含有机物质的土壤。栽培前需要大量施有机肥。虽然耐热，但是讨厌湿度大。在透水性不好的地方发育得不好。

报春花（**日本报春花**）

报春花科　报春花属（樱草属）

DATA

草高 ▶ 15~40cm　花期 ▶ 4—5月
花色 ▶ 粉色、浅紫色、白色　日照 ▶ 向阳处至半日阴

特征 传统园艺花卉之一，在江户时代就已经被开发出很多品种。花色虽然不多，但是花形种类繁多，最近更出现了八重花瓣的报春花。

栽培 喜好日照，不耐热，不耐干，开花之前应该摆放在向阳处，花谢之后应该摆放在半日阴处。庭院种植的场合，夏季应该栽培在略有湿气的落叶树下。

拔高 = 向上生长的种类　茂盛 = 生长茂盛的种类　蔓延 = 在低处广泛蔓延的种类

紫兰 拔高

兰科 紫兰属

DATA

草高 ▶ 30~40cm 花期 ▶ 5—6月
花色 ▶ 紫红色、白色 日照 ▶ 向阳处至半日阴

特征 ▶ 是一种易于栽培的兰科植物。从古至今都有爱好者将其作为园艺品种精心栽培。由于其属于自然撒种的品种，所以很难界定是否原本就是野生品种。

栽培 ▶ 喜好向阳至半日阴并且排水通畅的场所。生命力强健，可以放任其自由生长。

台湾吊钟花（吊钟花）拔高

玄参科 毛地黄属

DATA

草高 ▶ 60~100cm 花期 ▶ 5—7月
花色 ▶ 白色、粉色、橙色、黄色、紫色、棕色、复色

日照 ▶ 向阳处

特征 ▶ 大量吊钟形的花瓣像麦穗一样结在一起开放。优雅的草姿和洋气的花朵非常适合庭院栽培。虽然整棵植株都有毒，但是被当作草药广泛应用。其成分被用于强心剂等药物中。

栽培 ▶ 喜好光照充足、排水通畅的场所。健壮且耐旱，但不耐高温、不耐湿。

水仙 拔高

石蒜科 水仙属

DATA

草高 ▶ 15~40cm 花期 ▶ 12月至翌年4月
花色 ▶ 黄色、白色、晨色、复色 日照 ▶ 向阳处

特征 ▶ 品种众多，除原种以外，还可以根据花形、花色、草姿等分成12个部分。喇叭形的花朵独具特色，形态多样，秋季到初夏生长发育，夏季进入休眠期。

栽培 ▶ 喜好向阳场所，适宜排水通畅的沙质土壤。在庭院中种植的时候，几乎不需要浇水。但因为冬季也会发育，所以冬季干燥期需要大量补水。

秋明菊（秋牡丹）拔高

毛茛科 银莲属

DATA

草高 ▶ 40~100cm 花期 ▶ 9—11月
花色 ▶ 白色、粉色 日照 ▶ 向阳处至半日阴

特征 ▶ 据说古时候从中国流传而来，在日本京都贵船地区野生化而成的品种演变成了今天的秋明菊。现在市面上流通着多种类似的品种，包括杂交品种在内，统称为秋明菊。

栽培 ▶ 在向阳处到半日阴的场所均可种植。耐旱，也耐暑，但是夏季在稍清凉的地方会发育得更好。

黄精 拔高

百合科　黄精属

DATA

草高 ▶ 20~50cm　　花期 ▶ 5月
花色 ▶ 白色　　日照 ▶ 半日阴

特征 多年生草本植物。初夏时节，花茎结部会弯成弓形，然后开出1~3朵白花。作为绿叶植物，观赏期为4—10月。根部可入药。

栽培 可以在只有上午有阳光的半日阴场所生长。喜好湿气大的土壤，一旦土壤开始干燥，即应大量浇水。

大丽花 拔高

菊科　大丽花属

DATA

草高 ▶ 20~150cm　　花期 ▶ 5—11月
花色 ▶ 粉色、红色、橙色、黄色、白色、紫色
日照 ▶ 向阳处

特征 从大花朵到小花朵，从单层花瓣到多层花瓣，品种众多，花样多变。从花形来区分，就有10多个种类。在底下有肥大的球根，虽然属于春季种植的球根植物，但也有很多可以从种子开始种植的品种。

栽培 在阳光充足的地方培育。讨厌高温多湿，在凉爽的地区以外，在夏天会变弱，导致开花困难。如果在夏天断开，底部会发芽，秋天会开花。

钓钟柳 拔高

玄参科　钓钟柳属

DATA

草高 ▶ 30~80cm　　花期 ▶ 5—9月
花色 ▶ 桃色、赤色、紫色、白色　　日照 ▶ 向阳处

特征 杂交品种非常多，花色丰富。初夏至秋季期间，会生长出长长的花茎，盛开大量袋状花朵。花叶形态类似台湾吊钟花。

栽培 多年生草本植物，但由于不耐酷暑，在温暖地区会变成一年生草本植物。喜好日晒充足排水通畅的场所，但不耐西照日光，频繁摘掉枯萎的花朵、剪掉花蒂，就还有可能迎来第二轮花期。

郁金香 拔高

百合科　郁金香属

DATA

草高 ▶ 10~50cm　　花期 ▶ 3—5月
花色 ▶ 红色、桃红色、黄色、橙色、紫色、白色等
日照 ▶ 向阳处至半日阴

特征 秋季种植的球根植物，分为原种系和园艺品种系。花色及花形多样，不仅是花坛里的主角，也被广泛应用于盆栽、水栽、花艺等领域。

栽培 在向阳至半日阴场所可以生长，喜好排水通畅的地方。在开始红叶的季节，把球根种下去，然后持续浇水防止在冬季干枯。开花后，可在花瓣散开后剪掉花朵。

拔高 = 向上生长的种类　　茂盛 = 生长茂盛的种类　　蔓延 = 在低处广泛蔓延的种类

苹果薄荷 茂盛

唇形科　薄荷属

DATA

草高 ▶ 30~80cm　花期 ▶ 7—9月
花色 ▶ 淡粉色　日照 ▶ 向阳处至半日阴

特征 散发着有清凉感的薄荷香，还混合着些许青苹果的气息。叶片圆滑有条纹，呈明亮的绿色。叶片上有柔软的茸毛，耐寒性强，可以在户外越冬。即使地面上的部分枯萎，来年春季也会冒出新芽。

栽培 喜好日照充足、排水通畅的场所，可以在半日阴环境中生长。繁殖力旺盛，不停蔓延。所以与其他植物共同种植的话，最好带盆埋进土里，或用砖头区分开。

新风轮菜 茂盛

唇形科　新风轮属

DATA

草高 ▶ 30~40cm　花期 ▶ 6—11月
花色 ▶ 白色~淡紫色　日照 ▶ 向阳处至半日阴

特征 有多个品种，有白色或淡紫色的小花。花期很长，从初夏到秋季始终点缀着庭院风光。

栽培 适宜于向阳至半日阴场所，喜好排水通畅的土壤。生命力顽强，可以分株繁殖。在高温多湿环境中植株会变得柔弱。

紫斑风铃草 拔高

桔梗科　风铃草属

DATA

草高 ▶ 20~80cm　花期 ▶ 5—7月
花色 ▶ 紫色、粉色、白色　日照 ▶ 向阳处至半日阴

特征 这是一种在日本各地平原和山地里的向阳处非常常见的多年生草本植物。宽大的倒锥形花朵，花顶生于主茎及分枝顶端。

栽培 喜好日照充足的场所，不喜欢高温干燥。夏季种在半日阴或阔叶树下最佳。庭院种植时，除极为干燥以外无须浇水。

足摺野菊 茂盛

菊科　菊属

DATA

草高 ▶ 20~40cm　花期 ▶ 10—12月
花色 ▶ 白色　日照 ▶ 向阳区

特征 日本菊花的变种，分布在高知县的足摺岬到爱媛县佐多岬之间的海岸线。叶片细小，内侧有些许白色茸毛，好像给叶片勾了一圈白色边线。

栽培 喜好日照充足、通风良好的场所。种植之前需要施加大量肥料。5—6月摘芯，增进植株美观。

荷包牡丹 茂盛

罂粟科　荷包牡丹属

DATA

草高 ▶ 40~60cm　花期 ▶ 4—5月
花色 ▶ 深粉色、白色　日照 ▶ 半日阴

特征　原产于中国东北部至朝鲜半岛的多年生草本植物，茎的顶端或上面的花枝会伸出纤长的花茎，然后结出一排可爱的心形花朵。夏季结束以后，地面上的部分枯萎并进入休眠期，次年春季再次萌芽。

栽培　耐寒性强，易于栽培的草花。但是不耐暑不耐旱，适合种在落叶树下等通风良好的、明亮的日阴处。在半日阴的场所也能生长发育。

薹草 茂盛

薹草亚科　薹草属

DATA

草高 ▶ 20~120cm　花期 ▶ 无
叶色 ▶ 绿色、黄绿色、铜黄色　日照 ▶ 向阳处至半日阴

特征　广泛地分布在世界各地，与莎草属于同一科，种类繁多。叶色多变，叶形柔美，在风中摇曳生姿，是一款广泛流行的观叶多年生草本植物。除了绿色以外，还有黄绿色、铜黄色、斑点等多种叶片色泽。

栽培　在向阳或半日阴场所发育良好。但白斑品种不适宜在强日光环境中，更适合在半日阴环境中种植。如果日照不足，黄绿色和铜黄色品种的叶色会变浅，建议在向阳处种植。

花叶芦苇 茂盛

禾本科　芦竹属

DATA

草高 ▶ 50~60cm　花期 ▶ 5—6月
叶色 ▶ 有白色条纹的青绿色　日照 ▶ 向阳处

特征　在各地水边的向阳湿处自然繁殖的带斑芦竹品种。有白色条纹的青绿色叶片，带给人凉爽的印象。根茎在地下横向伸展，然后在其他位置继续冒出新苗。也被称为斑叶芦竹、彩叶芦竹。

栽培　喜好向阳潮湿的环境。原本就是生长在水边的植物，可以在水边种植，或者水培种植。种在土壤中时，要防止干燥。

玉簪 茂盛

百合科　玉簪属

DATA

草高 ▶ 20~70cm　花期 ▶ 6—7月
叶色 ▶ 绿色、黄色等　日照 ▶ 半日阴

特征　品种繁多，花色包含淡紫色、白色。叶片宽大，叶色丰富。是广受喜爱的观叶植物。

栽培　酷暑的直射日光会导致叶片焦灼，最适合种植在没有西照日光、明亮的半日阴场所。喜欢略微潮湿的场所，但是讨厌水汽过大。请注意不要浇太多水。

拔高 = 向上生长的种类　茂盛 = 生长茂盛的种类　蔓延 = 在低处广泛蔓延的种类

水甘草 茂盛

夹竹桃科　水甘草属

DATA

草高 ▶ 40~60cm　花期 ▶ 5—6月
花色 ▶ 淡紫色　日照 ▶ 半日阴

特征 叶片细长，春季在花茎顶部开出星星形状的淡紫色花朵。花朵数量繁多，是多年生草本植物。园艺市场里常见原产于北美的水甘草品种。

栽培 喜好半日阴、略潮湿的环境。如果种植在向阳处，要注意保证土壤湿润。种植的时候，也应该在土壤里混合一些保水能力较高的腐叶土等。

欧亚香花芹 茂盛

伞形科　泽芹属

DATA

草高 ▶ 50~90cm　花期 ▶ 4—6月
花色 ▶ 淡粉色、白色　日照 ▶ 向阳处

特征 叶子的形状有点像萝卜叶，以美丽的花朵著称。别名叫作"花萝卜"。

栽培 喜好向阳、排水通畅的环境，但在夏季应当尽量选择半日阴等凉爽的场地。不耐高温、高湿，在凉爽地区以外，难以实现宿根。初夏播种，在凉爽处育苗，秋季栽培，这样次年晚春至初夏就能开花。

大吴风草 茂盛

科　大吴风草属

DATA

草高 ▶ 30~40cm　花期 ▶ 10—11月
花色 ▶ 黄色　叶色 ▶ 绿色
日照 ▶ 向阳处至半日阴

特征 分布在日本温暖的沿海山崖、草原、林边等处的多年生草本植物。叶片厚实而有光泽，呈圆形。秋季开花，其叶片表面会呈现出斑点等丰富的变化，独具魅力。

栽培 可以种植在明亮的日阴处或向阳处。但是带斑的叶片不耐强光直射，可以种植在日阴处。如果完全避光，请予以注意。

酸模 茂盛

蓼科　酸模属

DATA

草高 ▶ 30~40cm　花期 ▶ 6—7月
叶色 ▶ 绿色叶片上有红色叶脉
日照 ▶ 向阳处

特征 作为观叶植物种植，具有很高的观赏价值。绿色叶片上的红色叶脉非常醒目。与日本野生羊蹄草属于同类。

栽培 适合种植在向阳、排水通畅的肥沃土壤中。耐暑耐旱，易于栽培的多年生草本植物。喜好水分，请及时浇水。

心叶牛舌草 茂盛

紫草科　心叶牛舌草属

DATA

草高 ▶ 20~40cm　花期 ▶ 3—5月
花色 ▶ 青色、白色　日照 ▶ 半日阴

特征 有心形带斑点的叶子，也有银色叶子，叶脉美丽。花朵酷似勿忘我，惹人怜爱。

栽培 喜好凉爽的环境，不适宜高温干燥环境。适合种在半日阴的地点，春季向阳、夏季避暑的落叶树下最佳。注意不要让根部过于潮湿，保证良好的排水条件。但不耐干，不能断水。

小聚和草 茂盛

小二仙草科　狐尾藻属

DATA

草高 ▶ 30~50cm　花期 ▶ 4—6月
花色 ▶ 白至青色、青至黄色　日照 ▶ 向阳处至半日阴

特征 酷似聚合草，但植株略小于聚合草，耐寒的多年生草本植物。桶形花朵，上面为白色，根部为青色。花蕾有时是深粉色。有的品种也会开出白色带黄条纹的花朵。

栽培 喜好向阳至半日阴、略潮湿的环境。适宜栽培在富含腐殖质的土壤中。生命力旺盛，茂盛以后请注意通风、分株。

宿根亚麻 茂盛

亚麻科　亚麻属

DATA

草高 ▶ 30~60cm　花期 ▶ 4—5月
花色 ▶ 青紫色、白色　日照 ▶ 向阳处至半日阴

特征 多年生的品种，要比一年生的品种略大，花朵可达3~4cm。植株根部分枝，细长的叶片给人留下纤细的印象。非常顽强，在荒地也能生长。

栽培 可以在排水通畅的环境中放任自由。略不耐酷暑，夏季可以栽培在落叶树下的半日阴区域。

双叶银莲花 茂盛

毛茛科　银莲花属

DATA

草高 ▶ 40~60cm　花期 ▶ 6—7月
花色 ▶ 白色　日照 ▶ 向阳处至半日阴

特征 在北海道等高湿地区的原野中群生，现在多为庭院种植，生命力顽强。看起来貌似花瓣的部分是萼片，没有花瓣。

栽培 喜好向阳至半日阴、湿气重的环境。不耐旱，可以在种植前混入大量腐叶土，创造保水能力强的土壤。具备耐寒性，可以在适宜的条件下任其生长。

拔高 =向上生长的种类　茂盛 =生长茂盛的种类　蔓延 =在低处广泛蔓延的种类

毛缕剪秋罗（Lychnis coronaria）茂盛

石竹科　剪秋罗属

DATA

草高 ▶ 60~100cm　花期 ▶ 5—7月
花色 ▶ 桃红色、红色、白色、多色　日照 ▶ 向阳处

特征 花茎高大，亭亭玉立，分枝的过程中陆续开花。叶片厚实，表面覆盖着一层白毛，也被称为醉仙翁。

栽培 喜好日照充足、排水通畅的环境。生存力顽强，在干燥贫瘠的土壤中也能生长，但不耐高温多湿的环境。大量结种，也很容易播种种子开始繁殖。

鼠尾草茂盛

唇形科　鼠尾草属

DATA

草高 ▶ 50~100cm　花期 ▶ 6—11月
花色 ▶ 深青色　日照 ▶ 向阳处至半日阴

特征 是常绿多年生草本植物，越冬时地面上的部分枯萎，春季重新发芽。唇形花朵呈深青色，萼片为黑色。这是一种充满个性的草，花茎会分泌黏液。

栽培 喜好日照充足、排水通畅的环境。在半日阴环境中也能开花。生命力顽强，地下根茎不断繁殖。在地下根茎的间隙处，还会有新的植株发育出来。需要频繁摘掉枯萎的花朵。

野燕麦茂盛

禾本科　燕麦属

DATA

草高 ▶ 40~100cm　花期 ▶ 7—8月
花色 ▶ 绿色（秋季至冬季为茶色）　日照 ▶ 向阳处

特征 夏季，酷似大凌风草的绿色花穗下垂，秋季以后变成茶色。冬季落叶以后，花穗仍然会留在花茎上。花茎笔直地伸展，草姿一丝不乱，长成以后呈放射状扩展开。

栽培 喜好向阳环境，耐暑、耐寒、耐旱、耐湿，是一种非常顽强的品种。如果成熟以后过于繁茂，草姿会显得凌乱。这时候应该从根部剪断茎叶，让其重新萌芽。冬季，只留下根部短短一截即可。

棉毛水苏茂盛

唇形科　水苏属

DATA

草高 ▶ 20~40cm　花期 ▶ 5—6月
花色 ▶ 淡紫色、粉色　日照 ▶ 向阳处

特征 叶片上覆盖着银白色的茸毛，触感柔软而温柔。整年都能欣赏其优美的草姿，常被用作地被。茎部长高以后，顶端会开出淡紫色或粉色的小花。

栽培 喜好向阳环境。耐寒性极强，但是在夏季高温多湿的环境中植株有被晒伤的可能性。当枝叶开始交错的时候，可以用分株的方法来改善通风效果。

淫羊藿 蔓延

毛茛科　淫羊藿属

DATA

草高 ▶ 20~40cm　花期 ▶ 3—5月
花色 ▶ 粉色、紫色、白色、黄色　日照 ▶ 半日阴

特征 ▶ 在山地林下自由生长的多年生草本植物。花形独特，有4枚突出而别致的花瓣。淡紫色的花朵和秋季变红的叶子搭配在一起，充满独特的魅力。冬季地面上部分枯萎，春季萌芽开花。

栽培 ▶ 喜好半日阴或明亮的日阴环境。夏季被日光直射以后，叶子有可能会枯萎，导致发育迟缓。可以种植在树木的阴凉处。

筋骨草 蔓延

唇形科　筋骨草属

DATA

草高 ▶ 10~20cm　花期 ▶ 4—5月
花色 ▶ 粉色、青紫色　日照 ▶ 半日阴

特征 ▶ 属于唇形科，常被用于园艺品种中。常绿，有带斑纹的叶子，也有铜黄色叶子。终年都可欣赏其叶片的风姿。

栽培 ▶ 不适应强烈日照，适宜于半日阴环境。耐阴性较高，可以用来当成遮阴棚。

加勒比飞蓬菊（Erigeron karvinskianus）蔓延

菊科　飞蓬菊属

DATA

草高 ▶ 10~40cm　花期 ▶ 5—11月
花色 ▶ 白色、粉色　日照 ▶ 向阳处

特征 ▶ 分布在美国落基山脉到墨西哥地区的菊科多年生草本植物。植株单面盛开小菊花。最初花朵是白色的，慢慢变粉色，好像同一棵植物上开了两种花一样。

栽培 ▶ 喜好向阳环境，缺乏日晒会让花朵数量锐减。耐寒性较高，不需要做防寒措施。自然播种就能旺盛地生长。需要手动隔开间距、调整生长态势。

柔毛羽衣草 蔓延

蔷薇科　羽衣草属

DATA

草高 ▶ 30~40cm　花期 ▶ 5—6月
花色 ▶ 黄绿色　日照 ▶ 向阳处至半日阴

特征 ▶ 黄绿色的小花集中在一起，给人留下纤细而温柔的印象。叶片宽大，呈灰绿色，与花朵一起给庭院带来一抹明亮的风景线。

栽培 ▶ 喜好向阳至半日阴的环境和保湿性略高的土壤。但是不耐高温，不耐湿，在南关东以西的地区，适合种植在通风良好的半日阴环境里。如果是凉爽地区，则可任意种植。

132

拔高 = 向上生长的种类　茂盛 = 生长茂盛的种类　蔓延 = 在低处广泛蔓延的种类

宝珠草 蔓延

百合科　万寿竹属

DATA

草高 ▶ 15~30cm　花期 ▶ 5月
花色 ▶ 白色　日照 ▶ 半日阴

特征 在日本各地的平原至山地落叶林中随机生长的多年生草本植物。上半部分呈弓状弯曲，顶部开出1~3朵直径1cm大小的白色花朵。带斑的园艺品种较多，叶片的观赏期为4—10月。

栽培 可以在只有上午有阳光的半日阴场所生长。喜好湿气大的土壤，一旦土壤开始干燥，即应大量浇水。

猫薄荷 蔓延

唇形科　荆芥属

DATA

草高 ▶ 30~50cm　花期 ▶ 5—10月
花色 ▶ 粉色、青紫色　日照 ▶ 向阳处

特征 名称中带有"薄荷"的字样，但种植目的多为观叶，而非食用。园艺品种很多，枝叶繁茂，花期长。常被用来作遮阴棚。

栽培 喜好日晒充分、通风良好、排水通畅的环境。耐寒性强，生长的地区越寒冷，花期越长。但是不耐高温多湿的环境，为了防止被闷伤，应在梅雨季节前分株。

春星花 蔓延

葱科　春星花属

DATA

草高 ▶ 15cm　花期 ▶ 3—5月
花色 ▶ 白色、淡青色、紫色（粉色、黄色）
日照 ▶ 向阳处至半日阴

特征 春季开出星星状的白色花朵。切开枝茎或球根，能闻到韭菜或香葱的味道。

栽培 喜好向阳环境。虽然也能在半日阴环境中生长，但缺乏日晒会让花朵数量锐减，甚至植株枯萎。比较耐旱，但是离开土壤让球根暴露在干燥环境中，会导致球根衰弱。

圣诞蔷薇 蔓延

毛茛科　铁筷子属

DATA

草高 ▶ 30~60cm　花期 ▶ 2—4月
花色 ▶ 紫色、粉色、红色、白色　日照 ▶ 半日阴

特征 与无茎的原种杂交出来的园艺品种，有很多不同的花形和花色。多数为常绿品种，但也有落叶品种。比其他草花开放的时间早一些，提前预示早春降临。

栽培 喜好半日阴环境和保湿能力强的土壤。耐寒性强，生命力旺盛。适合直接种在庭院里，也可以种在花盆里。在开始发育的10月追肥，11—12月需要摘掉老叶子。

风露草 蔓延

风露草科 风露草属

DATA

草高 ▶ 10~50cm　花期 ▶ 5—9月（根据其具体品种）
花色 ▶ 白色、红色、青色、粉色、黑紫色
日照 ▶ 向阳处至半日阴

特征 与白山风露草等日本原产风露草的草花一起，被统称为风露草。市面上常见的品种，大多是与西洋品种交配后培育而成的，品种繁多。

栽培 喜好略干爽的环境，耐寒，几乎所有的品种都适宜种植在庭院中。高山性品种应种植在向阳处，其他品种应该种植在落叶树下等明亮的日阴或半日阴场所。

矾根（矾根）蔓延

虎耳草科　矾根属

DATA

草高 ▶ 20~30cm　花期 ▶ 5—6月
叶色 ▶ 铜黄色、银色、黄色、绿色
日照 ▶ 半日阴

特征 叶色丰富，是一款广受好评的多年生草本观叶植物。有些园艺品种，除叶片以外，花朵也很美丽。把几种叶色不同的矾根种植在一起，有意想不到的效果。

栽培 耐寒性强。虽然也耐暑，但有些品种在强烈日光照射下会焦叶。适合种在落叶树下等夏季半日阴环境。

肺草 蔓延

紫草科　肺草属

DATA

草高 ▶ 30cm　花期 ▶ 4—6月
花色 ▶ 青色、粉色、白色、紫色
日照 ▶ 向阳处至半日阴

特征 耐寒，早春开始开花，随着成长，花朵也陆续增加。原本只有14种原种，后来被培育成更多的园艺品种。除了绿叶品种以外，还有带斑叶片、银白色叶片等品种。既能赏花，也能观叶的一种植物。

栽培 耐寒性强，但不耐高温干燥的环境。适合种植在落叶树下等春季日晒充足、初夏开始变成半日阴的场所。在排水通畅的环境中，要注意不要断水。一旦土壤干燥，植株就会枯黄掉叶。

箱根草（知风草）蔓延

禾本科　画眉草属

DATA

草高 ▶ 20~40cm　花期 ▶ 8—10月
叶色 ▶ 绿色、白绿色　日照 ▶ 向阳处至半日阴

特征 日本特产的多年生草本植物，分布在太平洋沿岸地区。随风摇曳的叶片趣味横生。叶片内侧，带有白色线条，看起来好像叶子的内侧和外侧颠倒了一样。

栽培 适合栽培在明亮的日阴环境中，喜好排水通畅的土壤。耐干旱，但是一旦土壤变得干燥，请及时浇水。在向阳区也能生长，但是带斑的园艺品种会在强日晒下焦叶。适合种在夏季半日阴的落叶树下等处。

 = 向上生长的种类　 = 生长茂盛的种类　蔓延 = 在低处广泛蔓延的种类

野芝麻 蔓延

唇形科　野芝麻属

DATA

草高 ▶ 20~40cm　花期 ▶ 5—6月

花色 ▶ 白色、粉色、青色（绿色、紫色）

日照 ▶ 半日阴

特征 原产于欧洲、北美、亚洲温带地区的多年生草本植物。种类繁多，多用于地被植物。

栽培 喜好半日阴、保水性好而又排水通畅的环境。在温暖地区种植的时候，要防止高温时节的热气闷伤植株。为了防止闷伤，可以在花谢后剪掉花茎以及陈旧枝条，以便改善通风效果。

薄荷 蔓延

唇形科　薄荷属

DATA

草高 ▶ 60~90cm　花期 ▶ 7—9月

花色 ▶ 淡粉色　日照 ▶ 向阳处

特征 代表性的薄荷品种，具有清凉感十足的香气，在餐桌上也能大显身手，甚至被应用于口香糖、甜点、菜肴、磨牙粉等食品中。

栽培 耐寒性高，在冬季温度如果不会低于0℃，地上部分就能完好越冬。但是在寒冷地区，地上部分会枯萎，只要地下部分不被冻坏，明天春季还会发出新芽，继续成长。

野草莓 蔓延

蔷薇科　草莓属

DATA

草高 ▶ 15~30cm　花期 ▶ 3—7月、9—10月

花色 ▶ 白色　日照 ▶ 向阳处至半日阴

特征 分布在欧洲到北亚地区的草莓品种。根茎部横向蔓延着生长，然后结出新的分枝。有红色和白色的果实，玲珑可爱。

栽培 喜好日晒充足、通风良好的环境。在半日阴环境中也能生长，但是开出的花朵和结出的果实远不如日晒充足的植株。耐寒性高，冬季无须做防寒措施。

风信子 蔓延

风信子科　风信子属

DATA

草高 ▶ 10~30cm　花期 ▶ 4—5月

花色 ▶ 青紫色、青色、白色　日照 ▶ 向阳处

特征 秋季种植的球根植物，鲜艳的青紫色花朵呈花穗状，在春季点亮整个庭院。大量种植的时候，远远望去好像一片紫色绒毯，常被用于地被植物的草花。

栽培 喜好日晒充足、排水通畅的环境。耐寒耐暑，生命力旺盛。栽培以后几乎不需要继续维护，不需要刻意追肥，但是开花后追肥能增加发芽数量。

一年生草本植物

在一年的时间里，完成种子发芽、长叶、开花、结果、枯萎的过程，这种植物叫作"一年生草本植物"。

多数一年生草本植物都能开出艳丽的花朵，其中很多品种会陆续不断地开出花来，花期很长。如果不摘掉凋谢的花朵，自然播撒的种子就能在下一个春季次第绽放。

因为一年生草本植物的生长周期只有一年，所以也可以在第二年种植完全不同的品种。这就意味着，我们能始终享受不同花色的庭院风光。

同样，也可以大致分为"拔高类""茂盛类""蔓延类"这 3 个种类。

麦仙翁 拔高

石竹科　麦仙翁属

DATA

草高 ▶ 60~90cm　花期 ▶ 5—6月
花色 ▶ 粉色、白色　日照 ▶ 向阳处

特征　纤细的花茎上面结出直径5~7cm的大花朵。花朵中央有白色花晕和细条纹。有白色的花朵，给人留下纤细印象的草花。

栽培　如果土壤肥沃，可能导致发育得太过茁壮，让人感到凌乱不堪，所以需要控制肥料。喜好日照充足的场所，如果日晒不足，则会导致徒长倾倒。

大麦 拔高

禾本科　大麦属

DATA

草高 ▶ 60~100cm　花期 ▶ 5—7月结穗
花色 ▶ 绿色至淡棕色（麦穗）　日照 ▶ 向阳处

特征　由中国传入，据说在奈良时代作为谷物广为种植。虽然麦穗小，但是纤长的麦芒具有很高的观赏价值。有些品种带斑纹。

栽培　非常顽强，易于栽种。只要是日照充足、通风良好、排水通畅的地方，就能放任其自由生长。

翠雀花 拔高

毛茛科　翠雀属

DATA

草高 ▶ 80~150cm　花期 ▶ 4—6月
花色 ▶ 粉色、红色、紫色、蓝色、黄色、白色
日照 ▶ 向阳处

特征　原本是生长在海拔很高的寒冷草原湿地，为宿根草类植物。在高温高湿的日本夏季，很容易枯萎。用于园艺的时候，常被作为一年生草本植物使用。

栽培　适宜于日照充足、通风良好、排水通畅的地方。容易生黑斑病、根茎软腐病等，不要种植在以前发生过病虫害的地方。

 拔高 = 向上生长的种类　茂盛 = 生长茂盛的种类　蔓延 = 在低处广泛蔓延的种类

藿香蓟 茂盛

菊科 藿香蓟属

DATA

草高 ▶ 20~100cm 　花期 ▶ 5—11月
花色 ▶ 粉色、蓝色、紫色、白色 　日照 ▶ 向阳处

特征 原产于中南美洲，本是多年生草本植物。但在日本，冬季通常枯萎，所以被当作一年生草本植物种植。分为矮种和高种，园艺设计中多使用矮种。

栽培 喜好日照充足、排水通畅的场所。不耐热，不耐湿，所以夏季到来之前应当剪掉一半以便通风。集中摘掉枯萎的花朵以后需要追肥，次第花开，花期很长。

黑种草（Nigella）拔高

毛茛科 黑种草属

DATA

草高 ▶ 40~80cm 　花期 ▶ 5—6月
花色 ▶ 蓝色、粉色、白色 　日照 ▶ 向阳处

特征 有15种类似的品种。花瓣退化，看起来像花瓣的构造，其实是花萼。

栽培 喜好日照充足、略微干燥的场所。不适宜在酸性土壤中种植，可以在种植前向土壤中加些石灰。种植在庭院里的时候，根部能充分扩张，不需要大量浇水。

蕾丝花（Orlaya）茂盛

伞形科 苍耳芹属

DATA

草高 ▶ 40~80cm 　花期 ▶ 4—6月
花色 ▶ 白色 　日照 ▶ 向阳处

特征 原产于欧洲的多年生常绿草本植物。不适宜日本的酷暑，柔弱的植株会在夏季枯萎。园艺种植的时候，通常作为秋季种植的一年生草本植物使用。叶片细小，白色花朵清秀可人。近来人气很高。

栽培 喜好日照充足的场所。对于夏季的酷暑不耐受，但如果仅作为一年生草本植物的话，也不需要遮阳。花谢之后任其凋零，自然播种能不断繁殖。

矢车菊 拔高

菊科 矢车菊属

DATA

草高 ▶ 30~100cm 　花期 ▶ 4—6月
花色 ▶ 粉色、蓝色、白色、深紫色 　日照 ▶ 向阳处

特征 深紫色的草花很适合用来作花艺，因此广受人们喜爱。

栽培 喜好通风良好、日照充足、排水通畅的土壤。是容易种植的草花，虽然耐寒，但尽量不要直接吹冷风。自然播种，能每年不断繁殖。

第四章 Part 4

适用于小庭院的植物图鉴 | 一年生草本植物

137

香豌豆（**Lathyrus quinquenervius**）

豆科　香豌豆属

DATA

草高 ▶ 30~200cm（藤条长度）
花期 ▶ 4—6月（春季开花品种）
花色 ▶ 粉色、红色、紫色、橙色、多色
日照 ▶ 向阳处

特征 ▶ 在生长的过程中，叶片的部分将变化成卷须，缠绕着伸展。也有无卷须品种。通常的品种都在春季开花，也有在夏季开花的品种。

栽培 ▶ 喜好日照充足、通风良好、排水通畅的环境。因为移植不利于香豌豆成长，所以可以直接播种种植。如果在花盘中育苗，应该在幼苗时期完成定植。

西洋甘菊（**Matricaria chamomilla**）

菊科　西洋甘菊属

DATA

草高 ▶ 30~60cm　花期 ▶ 4—6月
花色 ▶ 白色　日照 ▶ 向阳处

特征 ▶ 花谢后枯萎的耐寒性一年生草本植物。古时候，在欧洲被当作药草茶来饮用。花朵散发苹果一样的清香，酷似罗马甘菊。

栽培 ▶ 生命力旺盛，耐寒。只要种植一次，自然散落的种子就能不断生长。不耐高温多湿的环境，闷热天气会导致叶片枯萎。一旦枝叶相互交错，就应该及时剪枝，拉开间隙。

旱金莲（**Tropaeolum majus**）

旱金莲科　旱金莲属

DATA

草高 ▶ 30~50cm　花期 ▶ 4—7月、9—10月
花色 ▶ 红色、橙色、黄色　日照 ▶ 向阳处至半日阴

特征 ▶ 原产自南美洲的藤本植物，园艺市场里常见藤条略短的矮性品种。叶片和花朵均可食用，可用来做沙拉。

栽培 ▶ 喜好日照充足、排水通畅的环境，厌恶强烈的日光直射。夏季应栽植在落叶树下等半日阴区域。肥料过多会导致叶片徒长，请控制肥料使用量。

大波斯菊 茂盛

菊科　波斯菊属

DATA

草高 ▶ 40~110cm　花期 ▶ 7—11月
花色 ▶ 粉色、红紫色、橙色、黄色、白色
日照 ▶ 向阳处

特征 ▶ 我们常见的大波斯菊，都是波斯菊属下的园艺品种。非常顽强，在日照充足、通风良好的环境中苗壮成长。自然播种，每年都能自行繁殖。

栽培 ▶ 在日照充足的区域就能苗壮成长。喜好排水通畅的土壤，耐旱，没有必要频繁浇水。肥料过多，反而会导致植株倾倒。请控制肥料使用量。

拔高 = 向上生长的种类　茂盛 = 生长茂盛的种类　蔓延 = 在低处广泛蔓延的种类

金光菊（Rudbeckia）茂盛

菊科　金光菊属

DATA

草高 ▶ 40~150cm　花期 ▶ 7—10月
花色 ▶ 黄色、茶色、多色　日照 ▶ 向阳处

特征 一年、二年生草本植物，或多年生草本植物，分布在北美地区，有30多个种类。花形各异，常见的金光菊是本来耐寒性强的宿根草，但园艺种植时，常选择春季播种的或秋季播种的一年、二年生草本品种。

栽培 喜好日照充足、排水通畅的环境。秋季播种的情况下，要小心避开寒冷的北风。另外，还要进行防寒，以防冻伤。

花烟草（Nicotiana）茂盛

茄科　烟草属

DATA

草高 ▶ 30~60cm　花期 ▶ 5—10月
花色 ▶ 粉色、红色、黄色、白色　日照 ▶ 向阳处

特征 也被称为烟草花，与用来制造香烟叶的烟草同为一属。初夏到秋季之间，盛开可爱的星星形花朵。品种繁多，其中不乏多年生品种。但是不耐寒，园艺种植时通常选择一年生品种。

栽培 喜好日照充足、通风良好、略显干燥的环境。但在极端干燥的环境中，会生长迟缓。

勿忘我 蔓延

紫草科　勿忘草属

DATA

草高 ▶ 15~20cm　花期 ▶ 4—5月
花色 ▶ 白色、粉色、青紫色　日照 ▶ 向阳处

特征 原产于欧洲，在中部以北的高原湿地以及日本的部分区域野生化生长。原本是多年生草本植物，但由于其不耐暑，所以在除寒冷地区以外，均会夏季枯萎。园艺种植时通常选择一年品种。

栽培 喜好日照充足、湿气较重的环境。生命力旺盛，易于栽培。有耐寒性，但不能完全干燥。土壤开始干燥的时候，请大量补水。

堇菜 茂盛

堇菜科　堇菜属

DATA

草高 ▶ 10~15cm　花期 ▶ 11月至翌年5月
花色 ▶ 黄色、青色、橙色、白色、紫色等
日照 ▶ 向阳处

特征 与三色堇同为一属。简单来说，花茎在3cm以上的是堇菜，而花茎在4~12cm的是三色堇。堇菜接近于野生品种，花朵茂盛是其特征之一。

栽培 如果任其花开花谢，则会导致花朵数量锐减，请及时摘掉凋谢了的花朵。耐寒性比较强，但是为防止冬季夜间被冻伤，请在上午浇水。

小灌木

在庭院设计的时候，我们选择树高在1~2m的树木。这种树木叫作矮树，或灌木。

作为庭院的主角，高大的树木和中等高度的树木是必不可少的存在。但是小灌木则起到填补高大树木下的空白、连接树木与树木之间的过渡、营造庭院氛围等重要的作用。

虽然统称为小灌木，但其实树形繁多，能营造的氛围也各不相同。让我们进一步了解小灌木的性质，然后再各选所需吧。

树木可以分为"落叶树"和"常绿树（半常绿树）"这两个种类。

绣球 `落叶`

虎耳草科　绣球属

DATA

树高 ▶ 0.5~2m	花期 ▶ 6—7月
花色 ▶ 青色、紫色、粉色、白色、红色
用途 ▶ 景观树、固土　修剪 ▶ 2~3月、6—7月

特征 梅雨时节让庭院色彩缤纷。花朵艳丽，装饰效果显著，园艺品种繁多。欧洲改良品种的欧风绣球人气很高，日式和西式绣球都能让庭院充满生机。

栽培 喜好半日阴环境和湿气重的肥沃土壤。耐寒，成长速度快，但是对夏季直射日光不耐受。冬季不需要剪枝，在花还没谢之前从花枝2~3节处剪断，则还会有新花蕾生出来。

白绣球 `落叶`

虎耳草科　绣球属

DATA

树高 ▶ 1~1.5m	花期 ▶ 6—7月
花色 ▶ 白色、粉色	用途 ▶ 景观树、固土
修剪 ▶ 2—3月、6—7月	

特征 美国的园艺品种，与绣球花属于同类。花朵能集结成直径30cm大的花球，风格洁白清新。偶有粉色花朵。

栽培 喜好半日阴或向阳的、排水通畅的环境。耐寒耐暑，生命力旺盛。植株过于高大时，树枝会变细、相互交错。最好2~3年大幅度地修剪一次树枝。

大果山胡椒 `落叶`

樟科　山胡椒属

DATA

树高 ▶ 2~3m	花期 ▶ 3—4月
花色 ▶ 浅黄	用途 ▶ 景观树
修剪 ▶ 2—3月、7—8月	

特征 在本州、四国、九州的山地、丘陵或倾斜的湿地常见的落叶灌木。根部能同时发出若干根枝干。春季，叶片刚刚舒展开以后就会结出淡黄色的花朵。秋季，叶子会变黄。

栽培 喜好半日阴环境。不耐干，适合种植在湿气重的环境里。植株本身呈现出自然的树形，除了抑制其长得太高以外，基本不需要费心修剪。

`落叶` =落叶树　`常绿` =常绿树　`半常绿` =有落叶类型的常绿树

栎叶绣球 落叶

虎耳草科 绣球属

DATA

树高 ▶ 1~3m　花期 ▶ 6—7月
花色 ▶ 白色　用途 ▶ 景观树、固土　修剪 ▶ 7—8月

特征 ▶ 原产于北美地区的绣球花，因为叶片形态与栎树类似，因此得名。白色花朵集结在一起，秋季叶子变红。是一个既能观叶也能观花的品种。

栽培 ▶ 喜好半日阴至向阳处、土壤保水性能好的生长环境。与向阳处相比，生长在半日阴区域的植株的花朵略稀疏。生命力顽强，但是夏季酷暑期及生长期间要大量补水，防止土壤干燥。

假绣球（Viburnum furcatum）落叶

假绣球科 荚蒾属

DATA

树高 ▶ 2m左右　花期 ▶ 5—6月
花色 ▶ 黄（白）色　用途 ▶ 景观树、固土
修剪 ▶ 2—3月、7—8月

特征 ▶ 属于落叶低矮灌木——小乔木，可作为庭院中的灌木种植。初夏，枝头开出黄色花朵，周围围绕着大大的白色装饰花。秋季红叶，果实从绿到红，再从红变黑。

栽培 ▶ 喜好向阳处至半日阴环境，适合种植在富含腐殖质成分的湿润土壤中。为了保持自然的树冠形状，没有必要修剪。如果有必要，可在2—3月期间剪掉不需要的树枝。

大字杜鹃 落叶

杜鹃花科 杜鹃属

DATA

树高 ▶ 0.5~2m　花期 ▶ 4—5月
花色 ▶ 粉色　用途 ▶ 景观树、固土
修剪 ▶ 7—9月、10—11月

特征 ▶ 分布在中国、俄罗斯、朝鲜、韩国、日本等国家。大型杜鹃花，叶色明亮、聚满枝头。冬季落叶，叶片舒展开后枝头会绽放3~6朵花。

栽培 ▶ 喜好日照充足的半日阴环境。长势迅猛，既耐寒又耐暑的强壮杜鹃品种。

荚蒾花 落叶

假绣球科 荚蒾属

DATA

树高 ▶ 1~2m　花期 ▶ 4—5月
花色 ▶ 白色（淡红白色）　用途 ▶ 景观树
修剪 ▶ 2—3月、6—7月

特征 ▶ 在山地丘陵的树林中任意生长的品种。植株挺拔，枝杈繁多，枝条纤细。春季到初夏时节，绽放淡红色有白色条纹的花朵。秋季，当红艳艳的果实成熟时，叶子也会变成鲜红色。

栽培 ▶ 喜好日照充足的环境，应当种植在湿度适中、富含腐殖质成分的肥沃土壤中。萌芽力强，如果取其自然树姿，就无须为了整理树冠形状而修剪。

粉花绣线菊 落叶

蔷薇科　绣线菊

DATA

树高 ▶ 0.5~1m　花期 ▶ 5—8月
花色 ▶ 淡红色、深红色、白色　用途 ▶ 景观树、固土
修剪 ▶ 7—8月

特征 在山地里日照充足、岩石居多的环境中生长。枝条纤细，分散开伸展。给人以柔软的印象，但其实是群植性草花。

栽培 喜好日照充足的环境，应当种植在湿度适中、富含腐殖质的肥沃土壤中，也能在半日阴环境中生长。萌芽力强，耐修剪。通风不好时，可能会引发病虫害，请多加注意。

大叶钓樟 落叶

樟科　山胡椒属

DATA

树高 ▶ 2~3m　花期 ▶ 3—4月
花色 ▶ 淡黄绿　用途 ▶ 景观树
修剪 ▶ 2—3月、7—8月

特征 从根部分枝，枝干分散生长。枝干和叶片散发芳香。适合作为庭院中的低矮树木种植。但如果植株本身较高，可以当成小乔木。

栽培 喜好半日阴、排水通畅、土壤肥沃的环境。过度日照会导致植株干燥、变弱。如果喜爱其自然树姿，只要定期修剪不要的枝条即可，目的在于拉开枝条间隙。

白棣棠花 落叶

蔷薇科　鸡麻属

DATA

树高 ▶ 0.5~2m　花期 ▶ 4—5月
花色 ▶ 白色　用途 ▶ 固土　修剪 ▶ 12月至翌年2月

特征 树姿酷似双珠母，但分别属于不同科目。白色花朵，4枚花瓣（双珠母为5枚花瓣或八重花），这一点可以作为区别。叶片上有皱纹，造型独特。可以用于搭建绿色层次，适合混植。

栽培 喜好日照充足、土质肥沃（沙质）的环境。在半日阴环境中也能繁殖，但不耐干旱。每3~4年，需要在冬季从根部剪断1次，这是为了实现植株的新陈代谢。

美国鼠刺 落叶

虎耳草科　鼠刺属

DATA

树高 ▶ 1~1.5m　花期 ▶ 5—6月
花色 ▶ 白色　用途 ▶ 景观树　修剪 ▶ 12月至翌年2月

特征 原产于北美的落叶灌木。枝头有很多小白花，集结成花穗，与明亮的绿叶一起点缀庭院。花朵有香气。秋季展现出美丽的红叶。

栽培 可以在向阳处至半日阴环境中生长。耐寒性强，但不耐暑。萌芽力强，耐修剪。如果喜爱其自然树姿，则无须修剪，只要定期剪掉徒长枝或交错枝即可。

落叶 =落叶树　常绿 =常绿树　半常绿 =有落叶类型的常绿树

月季 / 冰山 落叶

蔷薇科 蔷薇属

DATA

树高 ▶ 1~2m　花期 ▶ 5—10月

花色 ▶ 白色　用途 ▶ 景观树、固土

修剪 ▶ 8月、12—2月

特征 半八重的纯白花朵。开放之初，花朵尚有浅浅的弧度，随后会基本变成平面开放。花茎纤细，花朵微微低垂开放恰到好处。植株会持续变高、变宽。

栽培 喜好日照充足的环境。顽强，是容易培养的月季之一。植株很少弯曲，可以多发一些短枝出来。

台湾吊钟花 落叶

杜鹃花科 吊钟花属

DATA

树高 ▶ 0.5~3m　花期 ▶ 4月

花色 ▶ 白色、红色、多色　用途 ▶ 装饰绿篱、景观树

修剪 ▶ 5—6月

特征 春季，新绿舒展的同时，也开出很多吊钟形的花朵垂在枝头。叶子小巧，秋季变红。枝条纤细，分枝数量众多。也有红色、白色花朵上有红色花纹的品种。

栽培 喜好日照充足、湿度适中、土壤肥沃的环境。萌芽力强，耐修剪。花谢后需要修剪树形。发现扰乱树形的枝条时，应随时修剪。

月季 / 弗朗索瓦 落叶

蔷薇科 蔷薇属

DATA

树高 ▶ 5m（横宽）　花期 ▶ 5月

花色 ▶ 粉色　用途 ▶ 景观树、装饰栅栏及墙面

修剪 ▶ 8月、12月至翌年2月

特征 粉色的花朵，大量的花瓣重叠在一起开放。在层层叠叠的花瓣中，带着些许奶黄色的条纹。散发着苹果香。枝条纤细，横向伸展。可以引导到墙面、低长的栅栏上作造型。

栽培 喜好向阳环境，也能在半日阴环境中生长。植株强健，耐寒性强，易于种植。

腺齿越橘 落叶

越橘科 乌饭树属

DATA

树高 ▶ 1~2m　花期 ▶ 5—7月

花色 ▶ 淡黄红褐色　用途 ▶ 景观树、固土

修剪 ▶ 2—3月、9月

特征 从根部开始分株而立，枝条横向伸展。叶子小巧，秋季变红。初夏到仲夏开出很多小花，秋季结出黑色果实。

栽培 喜好向阳环境，也能在半日阴环境中生长。萌芽力强，耐修剪。如果喜爱其自然树姿，则无须修剪，只要定期剪掉交错枝即可。

月季 / 阿尔弗雷德·凯瑞夫人 落叶

蔷薇科　蔷薇属

DATA

树高 ▶ 5~10m（树宽）　花期 ▶ 5—11月
花色 ▶ 白色　用途 ▶ 景观树、固土
修剪 ▶ 8月、12月至翌年2月

特征 花瓣薄得像透明一样，有些许粉色条纹的白色花朵。秋季开放的花朵，会从淡粉色变成深粉色。分枝少，枝头开花。花朵有水果的香气。

栽培 喜好日照充足的环境，但在略有日阴或日照不足的北侧庭院也能茂盛地生长。在通风不良的时候或者春季，容易发生白粉病，请多加注意。

月季 / 蓝品红 落叶

蔷薇科　蔷薇属

DATA

树高 ▶ 3m　花期 ▶ 5月
花色 ▶ 深紫色~紫色　用途 ▶ 景观树、装饰栅栏
修剪 ▶ 8月、12月至翌年2月

特征 通常5~10朵圆润的小花一起盛开，给人一种饱满的印象。刚开放的时候是明亮的紫红色，之后慢慢出现若干灰色的条纹，演变成落落大方的紫色。横向延展力强，可以引导到栅栏或墙壁上。

栽培 一个耐寒性极强的月季品种，在日照不足的环境中也能茁壮成长。为了加深花色，推荐种植在半日阴区域。

月季 / 希灵顿夫人 落叶

蔷薇科　蔷薇属

DATA

树高 ▶ 5m（树宽）　花期 ▶ 5—11月
花色 ▶ 杏黄色　用途 ▶ 装饰栅栏
修剪 ▶ 8月、12月至翌年2月

特征 灰绿色的叶片与杏黄色的花朵，散发着清新的茶香，是一款有人气的古典月季品种。花茎细长，有红色条纹。花朵略微低垂，是来自希灵顿夫人的变种。偶尔也会恢复原品种的姿态。

栽培 喜好日照充足的环境。作为茶玫瑰（Tea rose）品种，不易发生病虫害，但常见白粉病，需多加预防。

月季 / 哈迪夫人 落叶

蔷薇科　蔷薇属

DATA

树高 ▶ 2m　花期 ▶ 5~6月
花色 ▶ 白色　用途 ▶ 景观树、固土
修剪 ▶ 8月、12月至翌年2月

特征 白色的花朵纯洁无瑕，正中央仿佛有一只绿色的眼睛。香气浓郁，是一个人气极高的古典月季品种。

栽培 喜好日照充足、通风良好的环境，但不耐夏季强烈的西照日光。花茎纤细，花朵低垂，适合与方尖碑（Obelisk）或细竹竿（Pole）搭配在一起。

落叶 ＝落叶树　常绿 ＝常绿树　半常绿 ＝有落叶类型的常绿树

杜鹃花 落叶

杜鹃花科 杜鹃属

DATA

树高 ▶ 0.8~1.5m　花期 ▶ 4—6月
花色 ▶ 紫红色　用途 ▶ 景观树、固土
修剪 ▶ 7—9月、10—11月

特征 自然繁殖的落叶灌木。一棵植株上往往有很多分枝，每个枝头有3枚叶片。枝头有3枚叶片的落叶杜鹃属植物，常统称为杜鹃。

栽培 喜好排水通畅、肥沃的酸性土壤。喜好日照充足的环境，至少应保证上午有足够的阳光。如果种植在日阴环境里，则开花数量锐减。自然树冠形态优美，定期修剪突出枝条和交错枝条即可。

月季 / 格罗卡 落叶

蔷薇科 蔷薇属

DATA

树高 ▶ 2m　花期 ▶ 5—6月
花色 ▶ 深粉色　用途 ▶ 景观树、固土
修剪 ▶ 8月、12月至翌年2月

特征 原种月季，原产于中欧地区。花朵中央发白，向外渐渐演变成深粉色。叶片呈亚光灰紫色，魅力十足。茎部的枝节较少。

栽培 喜好日照充足的环境，但日光稍有不足时也能生长。耐寒，不耐暑，需要保证通风良好。

结香（三桠皮） 落叶

瑞香科 结香属

DATA

树高 ▶ 1~2m　花期 ▶ 3—4月
花色 ▶ 黄色、橙色　用途 ▶ 景观树　修剪 ▶ 1—2月

特征 原产于中国的落叶灌木。新枝上总是有3个枝杈，因此得名。自然树形圆润可爱，花朵优美。有趣味性的枝条和美丽的叶片，具有很高的景观树价值。

栽培 应当种植在日晒充足的环境中。日照不足会导致花数锐减。喜好排水通畅的肥沃土壤。基本可以任由独特的三杈树枝自由生长，仅进行最小限度的修剪即可。

蓝莓 落叶

杜鹃花科 越橘亚属

DATA

树高 ▶ 1~2m　花期 ▶ 4—6月
花色 ▶ 白色、淡粉色　用途 ▶ 景观树、果树
修剪 ▶ 12月至翌年2月、6月

特征 原产于北美的落叶灌木，在日本生长的品种大致可以分为寒地性高丛蓝莓系（High bush）以及暖地性兔眼蓝莓系（Rabbiteye）。虽然属于果树，但秋季红叶的魅力并不会输给其他庭院树种。

栽培 喜好日照充足，厌恶夏日西照日光。适合栽培在通风良好、排水通畅的沙质酸性土壤中。如果作为果树栽培，不宜进行自家授粉。特别是兔眼蓝莓的品种，有必要同时种植多个品种。

双珠母 落叶

蔷薇科　鸡麻属

DATA

树高 ▶ 0.5~1.5m　花期 ▶ 4—5月
花色 ▶ 黄色　用途 ▶ 景观树、固土　修剪 ▶ 11月至翌
年2月

特征 在北海道至九州之间的矮山和丘陵自由生长的
落叶灌木。作为一款备受喜爱的花木，从古至今都被广
泛种植。春季，枝头绽放明艳俏丽的黄色花朵。柔软低
垂的枝条，适合种植在斜坡地段。

栽培 喜好半日阴环境，可以种植在略微潮湿、腐殖
质丰富的肥沃土壤中。耐干燥，易于种植。树冠能自然
生长成规整的形态，定期剪掉枯枝或根部发出的蘖枝即
可。

日本小檗 落叶

小檗科小檗属

DATA

树高 ▶ 0.5~1.5m　花期 ▶ 4月
花色 ▶ 黄绿色　用途 ▶ 固土、绿篱　修剪 ▶ 12月至翌
年2月

特征 在山地、丘陵的树林边自由生长的落叶灌木。
根部开始分出若干条主枝干，横向延伸、生机勃勃。枝
头有叶片演化而成的小刺。

栽培 无论在向阳处还是在仅上午有阳光的半日阴处
都能生长，不挑土壤成分。落叶期是12月至翌年2月，
过于茂盛的时候需要定期修整树形，而小型品种则无须
修剪。

六道木（Abelia）半常绿

忍冬科　六道木属

DATA

树高 ▶ 0.5~1.5m　花期 ▶ 5—10月
花色 ▶ 淡红白色、淡红色　用途 ▶ 景观树、绿篱
修剪 ▶ 2—3月、6—8月

特征 生长在温暖地带时，为常绿树木；生长在寒冷
地带时，为落叶树木。花期从春至秋，花朵娇俏可爱。
花朵清香，有很多花色和叶色不同的园艺品种。

栽培 喜好日照充足、土壤湿润而肥沃的环境。如果
气候温暖，可以在半日阴或日阴环境中生长。萌芽力
强，可以大幅度修剪。任其生长的话，植株会长得很
高。可以定期剪枝控制高度。

映山红 落叶

杜鹃花科　杜鹃属

DATA

树高 ▶ 1~3m　花期 ▶ 4—5月
花色 ▶ 朱红色、白色　用途 ▶ 景观树、固土
修剪 ▶ 5—6月、10—11月

特征 植株宽大，适合单棵种植。枝头开出1~3朵红色
钟形花朵。在寒冷地区落叶。开白色花朵的品种，称为
白映山红。

栽培 喜好日照充足，应种植在富含腐殖质的肥沃土
壤中。至少要保证种植区域能在上午得到充分的日照。
如果日照不足，会导致枝条徒长，花数锐减。夏季花蕾
萌生，请在花谢后修剪枝条。冬季简单整理即可。

落叶 =落叶树　常绿 =常绿树　半常绿 =有落叶类型的常绿树

金丝桃 半常绿

藤黄科　金丝桃属

DATA

树高 ▶ 0.5~1m　花期 ▶ 6—7月
花色 ▶ 黄色　用途 ▶ 景观树、固土、地被
修剪 ▶ 11月至翌年3月

特征 与金丝梅等观赏用金丝桃属植物以及相关园艺品种一起，统称为金丝桃。夏季开始绽放鲜艳的黄色花朵。

栽培 请种植在没有夏日西照日光的向阳处，同时需要保证土壤的保水能力。生长在温暖地带时，为常绿树木；生长在寒冷地带时，为落叶树木。冬季稍作修剪，从根部去掉旧枝和伤枝即可。

百里香 常绿

唇形科　百里香属

DATA

树高 ▶ 0.1~0.3cm　花期 ▶ 4—6月
花色 ▶ 淡粉色　用途 ▶ 地被、固土
修剪 ▶ 6月、11—12月

特征 有300种以上的同类植物，银斑百里香是一种最常见的品种。通常我们提到百里香时，往往指的是银斑百里香。匍匐生长的品种，可以用来做地被。

栽培 喜好排水通畅、日照充足、通风良好的环境。枝叶茂盛，容易导致通风不良。可以在梅雨季节之前剪掉整个植株1/3左右的枝条，以增强通风效果。

迷迭香 常绿

唇形科　迷迭香属

DATA

树高 ▶ 0.3~2m（根据其实际品种）
花期 ▶ 7月至翌年4月　花色 ▶ 青色、紫白色
用途 ▶ 景观树、地被　修剪 ▶ 11月

特征 原产于地中海沿岸，观叶常绿灌木。有拔高生长的品种、匍匐生长的品种以及介于两者之间的品种，品种繁多。因为枝叶非常茂密，可以用来做地被，也能起到隐藏地界、缓和花坛边缘等作用。

栽培 在日照充足的环境中长势喜人，可以接受酷暑里的直射日光。即使日照略有不足，也能茁壮成长。但如果湿气过重，则会影响发育，应多加注意。

月季 / 木香花 常绿

蔷薇科　蔷薇属

DATA

树高 ▶ 2m　花期 ▶ 4—5月
花色 ▶ 黄色　用途 ▶ 景观树、装饰栅栏
修剪 ▶ 5—6月、12月至翌年2月

特征 100多枚花瓣重叠在1朵花上开放，通常十几朵花会集结在一起。常绿，枝条纤长，枝头下垂。枝条上没有刺，易于引导和管理的月季品种。

栽培 喜好日照充足的环境。日照略有不足也不会影响花朵数量。与其他月季品种相比，耐寒性较弱，不适合种植在寒冷地带。

藤本植物

藤本植物的枝条柔软，成长迅速，可以攀爬到栅栏、墙壁、树干上。如果引导到墙面上的话，可代替树木成为庭院里的装饰物。其中一些能匍匐生长的品种，可以用来做地被植物。

藤本植物分为许多不同的种类，它们的攀爬方式也不一样，缠绕类藤本植物需要可供它们缠绕的物体。具有卷须的藤本植物需要细线、铁丝或窄小的支撑物供其抓握。依附类藤本植物会依附在实心物体上生长。

耐寒性品种和耐阴性品种的数目众多，这也是藤本植物的特征之一。

大致可以分为"落叶树"和"常绿树（半常绿）"这两个种类。

红花绣球藤（Clematis montana）落叶

毛茛科　铁线莲属

DATA

藤长 ▶ 3~6m　花期 ▶ 4—5月　花色 ▶ 粉色
用途 ▶ 栅栏攀爬、景观树　修剪 ▶ 2—3月、6—8月

特征 ▶ 分布在中国的野生铁线莲的品种。花朵繁多，夏季开满粉色花朵，好像盖满了整棵植株。花朵有香草的味道。

栽培 ▶ 喜好日照充足的环境，不耐暑，不耐干燥。可以种植在只有上午有阳光的半日阴区域。花朵只在旧枝开放，修剪的时候要从枝头或枝头下1节处剪断。

笼口铁线莲 落叶

毛茛科　铁线莲属

DATA

藤长 ▶ 2~3m　花期 ▶ 5—10月　花色 ▶ 紫色
用途 ▶ 栅栏攀爬、景观树　修剪 ▶ 2—3月、6—10月

特征 ▶ 形态有点像草，半藤本性质的铁线莲。花朵呈明亮的紫色，吊钟形，朝下开放。四季开花。花谢以后，请尽早修剪，这样才能迎来下一个花期。

栽培 ▶ 喜欢阳光很好的通风地方。因为讨厌干燥，所以在夏天高温下干燥的时候不要断水。

地锦 落叶

葡萄科　地锦属

DATA

藤长 ▶ 15m以上　花期 ▶ 6—7月
花色 ▶ 黄绿色　用途 ▶ 装饰墙面、栅栏攀爬
修剪 ▶ 12月至翌年2月

特征 ▶ 用于美化建筑物表面的落叶藤本植物。叶片上有浅显的掌裂，秋季变成美丽的红色。能吸附在水泥建筑物的外墙上生长，所以不要种植在宽阔的地方。

栽培 ▶ 基本对土壤没有什么要求，向阳处至半日阴环境均可生长。冬季剪掉过度蔓延的枝条，能控制生长态势。生存力旺盛，请适度修剪过度蔓延的枝条。

落叶 =落叶树　常绿 =常绿树　半常绿 =有落叶类型的常绿树

蔓长春花 常绿

木犀科 蔓长春花属

> DATA
>
> 藤长 ▶ 0.3~2m　花期 ▶ 4—6月
> 花色 ▶ 青紫色、白色　用途 ▶ 地被
> 修剪 ▶ 3—4月、8月

特征 原产于地中海沿岸的常绿藤本植物。在地面匍匐生长，茎节处直接生根。春夏之际开满青紫色或白色花朵，与叶子搭配在一起给人一种清凉的印象。

栽培 向阳处至半日阴环境中均可生长，喜好排水通畅的土壤。生存力顽强，耐干旱，易于种植。可用作地被植物。为防止藤条过度蔓延，可适当剪断不需要的藤条以及交错在一起的藤条。

茑萝 落叶

旋花科 茑萝属

> DATA
>
> 藤长 ▶ 2~6m　观赏期 ▶ 4—11月
> 花期 ▶ 4—5月　花色 ▶ 黄色
> 用途 ▶ 墙面绿化、地被　修剪 ▶ 12月至翌年2月

特征 原产于中国的落叶性藤本植物。能攀爬在墙壁或树木表面。在叶脉旁边有网状斑纹，独具特色。秋季变红。

栽培 喜好日照充足的环境，日照不足的时候红叶发育缓慢。植株健壮，全年均可修剪。只要留下茎节，就能继续发芽。如果有横向生长的空间，可作为地被植物使用。可以剪掉长长的藤条，小规模种植。

多花素馨 常绿

木犀科 素馨属

> DATA
>
> 藤长 ▶ 3m　花期 ▶ 4—5月　花色 ▶ 白色
> 用途 ▶ 栅栏攀爬　修剪 ▶ 6—7月

特征 原产于中国的常绿性藤本植物。生长在寒冷区域时会落叶，枝条交错生长。3—4月枝条顶部长出花茎，开出的花朵香气四溢。

栽培 喜好日照充足的环境。花谢以后请剪枝。可以筛选出过长的枝条、影响树形的枝条，直接剪到一半的长度。

金银花 常绿

忍冬科 忍冬属

> DATA
>
> 藤长 ▶ 5~15m　花期 ▶ 5—9月　花色 ▶ 白色、黄色
> 用途 ▶ 栅栏攀爬、地被　修剪 ▶ 12月

特征 分布在日本各地和东亚地区的常绿藤本植物。花香浓厚，开放之初白色，之后渐渐变黄。与原产于北美地区、开橙色花朵的金银花是近亲。

栽培 喜好日照充足的环境，但植株顽强，亦可在半日阴环境中生长。可以引导到栅栏等处，也可作为地被植物使用。

乔木、中等木

乔木、中等木，决定着整个庭院给人留下的第一印象，可以说是庭院里的主角。树干修长、枝条优雅、叶片颜色以及树皮的美感……无一不在淋漓尽致地体现其存在感。

但是，一旦种植下去，就很难再移植到其他地方，因此请慎重选择树种、慎重决定种植地点。通常，乔木高度可达5~20m。因此需要2年修剪一次枝干，4年控制一下树高。

树木，也可以分成"落叶树"和"常绿树（半常绿）"这两个种类。

小叶桉 落叶

木犀科　桉属

DATA

树高 ▶ 3~4m（10~15m）　花期 ▶ 4~5月
用途 ▶ 白色　修剪 ▶ 11月至翌年2月

特征 在北海道至九州之间的山地里自由生长的落叶中高树木，常被种植在公园里和街道上。枝条柔和，树干高大，有种清新自然的感觉。适合自然风格的庭院。

栽培 喜好日照充足、比较潮湿的环境，但也非常耐干燥。枝条自然地横向扩展，如果过于宽大，应及时修剪树冠形状。

鹅耳枥 落叶

桦木科　鹅耳枥属

DATA

树高 ▶ 3~4m（10~15m）　花期 ▶ 4~5月
花色 ▶ 黄褐色（雄花）、红绿色（雌花）
用途 ▶ 代表树、绿荫树　修剪 ▶ 2—3月、7—8月

特征 山野等潮湿的环境中常见的落叶乔木。春季萌发出的红色新芽，会逐渐变成绿色，到了秋季则会变成美丽的红叶。可以作为灌木林风格庭院中的代表树木。

栽培 喜好日照充足、湿度适中、土壤肥沃的环境，可以种植在略干燥的半日阴环境中。如果取其自然的树形，只要剪掉徒长枝、交错枝等即可。

昌化鹅耳枥 落叶

桦木科　鹅耳枥属

DATA

树高 ▶ 4~5m（5~20m）　花期 ▶ 4~5月
花色 ▶ 黄褐（雄花）、淡绿（雌花）
用途 ▶ 代表树、绿荫树　修剪 ▶ 2—3月、7—8月

特征 椭圆形的树干，形态自然。混种在灌木风格的庭院中，春季萌芽后就能观赏其柔嫩的绿色了。老树的树干上会出现浅浅的纵向筋脉。

栽培 喜好半日阴至向阳区域，可以种植在湿度适中的黏土质土壤中。萌芽能力强大，需要定期修整树冠。

落叶 = 落叶树　常绿 = 常绿树　半常绿 = 有落叶类型的常绿树

荚蒾 落叶

五福花科　荚蒾属

DATA

树高 ▶ 2m（2~5m）　花期 ▶ 5—6月
花色 ▶ 白色　用途 ▶ 景观树　修剪 ▶ 12月至翌年2月

特征 ▶ 枝条纤细、茂密，树冠呈椭圆形。适合种植在自然风格的庭院中。春季开满白色小花，秋季结出深红色果实，景色都很美观。

栽培 ▶ 喜好向阳处至半日阴环境，也可以在日阴区域里生长。但如果非常欠缺日照，则会导致枝条稀疏、树冠形状不良等问题。如果取其自然树姿，在冬季略微修剪枝头的形状即可。

槭树 落叶

槭树科　槭属

DATA

树高 ▶ 3~4m（5~10m）　花期 ▶ 4—5月
花色 ▶ 暗红色　用途 ▶ 代表树、景观树
修剪 ▶ 2月、11—12月

特征 ▶ 日本枫树类的代表树种。枝条纤细，枝杈密集、横向拓展出椭圆的树形。给人以柔和的印象，可以搭配西式庭院和日式庭院。

栽培 ▶ 喜好日照充足，不耐旱。接受西照后，叶片会变成棕色。适合种植在只有上午有阳光的半日阴区域。但是，日照极端不足的时候，叶片不能充分变红。

日本鹅耳枥 落叶

桦木科　鹅耳枥属

DATA

树高 ▶ 3~4m（10~15m）　花期 ▶ 4月
花色 ▶ 淡绿　用途 ▶ 代表树、绿荫树
修剪 ▶ 12月至翌年2月

特征 ▶ 在本州、四国、九州的山地里自由生长的落叶乔木。比同属的鹅耳枥、昌化鹅耳枥的叶片更宽厚，果实也更大一些。魁梧的形象在灌木风格的庭院里彰显着浓浓的存在感。

栽培 ▶ 喜好日照充足、排水通畅、湿度适中、土壤肥沃的环境。有耐阴性，可在日阴环境中生长。如果期待在秋季欣赏黄叶，则应该予以适当光照。萌芽力强大，请及时修剪。但如果喜爱其自然的树形，则无须大幅度修整。

野茉莉（Styrax japonica）落叶

安息香科　安息香属

DATA

树高 ▶ 3~4m（3~10m）　花期 ▶ 5—6月
花色 ▶ 白色　用途 ▶ 景观树、代表树、绿荫树
修剪 ▶ 2—3月、7—8月

特征 ▶ 日本各地树林中常见的落叶中高树木。初夏开始生出下垂的小白花，树枝也随之弯下了腰。生动活泼的树形，适合种植在小树林风格的庭院中。

栽培 ▶ 喜爱日照充足的环境，无论半日阴还是日阴处都能生长。适合湿度适中、排水通畅的土壤。不需要修剪，定期整理枝条间距即可。如果强行修剪枝叶，会破坏掉自然可爱的树姿。

白木乌桕 落叶

大戟科 乌桕属

DATA

树高 ▶ 2~2.5 m（3~5m）　　花期 ▶ 5—7月
花色 ▶ 黄色　用途 ▶ 代表树、观景树
修剪 ▶ 2—4月、6月

特征　在温热地区丘陵生长的落叶中高树木，分布在日本本州中部至冲绳地区。自然属性魅力十足，庭院中只要有一棵乌桕，就能体现出山野气息。秋季红叶，在灰白色树干映衬下格外美丽。

栽培　自然树形，趣味横生。只要修剪一下徒长枝和凌乱的枝条即可，避免大幅度修剪。

灯台树（Cornus Controversa）落叶

山茱萸科 四照花属

DATA

树高 ▶ 3m（5~10m）　　花期 ▶ 4—5月
花色 ▶ 白色、粉色、红色　用途 ▶ 代表树、观景树
修剪 ▶ 12月至翌年3月、6月

特征　当叶片刚开始舒展的时候，枝头就已经开花了。貌似4枚花瓣的部分其实是总苞片。二十几朵黄绿色的小花集结在一起，形成球形，是一款人气很高的花木。

栽培　喜好日照充足的环境，但请种植在只有上午有日照的半日阴区域。树形基本自成体系，定期修剪掉不要的树枝即可。基本上不需要进行大幅度的修剪。

木兰 落叶

木兰科 木兰属

DATA

树高 ▶ 3~5m（5~20m）　　花期 ▶ 3—4月
花色 ▶ 白色　用途 ▶ 代表树
修剪 ▶ 2—3月、11月

特征　分布在日本北海道、本州、九州地区的落叶乔木。叶片萌生前，就会开出白色花朵。可种植在杂树林风格的庭院中，体现其自然风貌。虽然是春季的代表花木，但由于其属性庞大，需要充分考虑合适的种植地点。

栽培　喜好向阳环境，也能在半日阴环境里生长。喜好略潮湿而且肥沃的土壤。树形自然，修剪掉不要的树枝即可。

唐棣 落叶

蔷薇科 唐棣属

DATA

树高 ▶ 2.5~3.5m（3~10m）　　花期 ▶ 4月
花色 ▶ 白色　用途 ▶ 代表树、观景木
修剪 ▶ 12月至翌年2月

特征　原产于北美地区的落叶中高树木。春季绽放白色的5瓣花朵，6月结出黑紫色的果实。果实可食用，常被做成果酱。

栽培　喜好日照充足或半日阴环境，适宜于略有湿气的土壤。可以任其发展出自然的造型，也可以为其人工造型。如果不进行人工造型，那么请及时剪掉蘗枝。

落叶 ＝落叶树　常绿 ＝常绿树　半常绿 ＝有落叶类型的常绿树

日本铁杉 常绿

松科　铁杉属

DATA

树高 ▶ 3m（20~30m）　花期 ▶ 6月
花色 ▶ 黄色（雄花）、绿紫（雌花）
用途 ▶ 代表树、景观树　修剪 ▶ 3~4月、6月

特征 常绿针叶树。令人感到静寂的树姿，让庭院的氛围沉静安宁。沉稳的树枝适合搭配小灌木风格的庭院。

栽培 喜好土壤肥沃、排水通畅的半日阴环境。虽然也能在湿气大的环境中生长，但速度缓慢。不需要大幅度修剪，每年定期修剪树形即可。

四照花 落叶

山茱萸科　四照花属

DATA

树高 ▶ 3~4m（10~15m）　花期 ▶ 5—7月
花色 ▶ 白色　用途 ▶ 代表树、景观树
修剪 ▶ 12月至翌年2月

特征 看起来好像大大的白色花朵其实是总苞片，里面集结了25~30个淡绿色小花。秋季长出红色果实，叶子也会变成美丽的红色。

栽培 喜好日照充足、排水通畅、土壤肥沃的半日阴环境。任其自由发展，也能长出美丽的椭圆形树姿。只要保证自然的树形不乱，适当修剪、拉开树枝之间的距离即可。

冬青 常绿

冬青科　冬青属

DATA

树高 ▶ 2~3m（5~15m）　花期 ▶ 6—7月
花色 ▶ 白色　用途 ▶ 代表树、景观树
修剪 ▶ 3—5月、7—8月

特征 常绿中高树木。叶片不茂密，给人轻盈的印象。秋季结出红色果实，适合日式、西式庭院。如果种植在灌木林风格的庭院，可以适当提升树高。

栽培 喜好日照充足的环境，但强光直射会导致叶片焦黄，适合种在半日阴环境里。自然生长出美好的树形，适当修剪掉破坏外形的长枝即可。

橄榄 常绿

橄榄科　橄榄属

DATA

树高 ▶ 2.5m（5~15m）　花期 ▶ 5—6月
花色 ▶ 白色　用途 ▶ 代表树、景观树
修剪 ▶ 2—3月

特征 原产于西亚的常绿高树。虽为果树而闻名，但也常被用于庭院树木。叶片呈光泽的深绿色，背面呈银白色，有独具一格的魅力。

栽培 喜好日照充足、略干燥的环境。日照不足会导致生长缓慢。略耐寒，但不胜霜冻，难以在寒冷地区生长。

庭院用语汇编

● **矮树丛**

生长在树木或高大草木的根部旁边的草花。挑选生长在树荫下面的矮树丛时，应该选择耐阴性强的草花。

● **八重花**

很多枚花瓣重叠在一起绽放的花朵。花朵中间有雄蕊和雌蕊的地方会有很多花瓣，八重花内侧的花瓣就是雄蕊和雌蕊演变而来的。

● **斑点**

叶片局部失去叶绿素，呈现出白色或黄色的斑点。已经出现斑点的植物，如果继续接受强烈日照的话，可能会被晒伤。

● **半日阴**

树木的树荫下，以及阳光照不到、只有上午能接受到短时间日光照射的地方叫作半日阴。

● **变枝**

突发变异导致一部分或全部树枝、花朵、果实具备了其他植物的性质。

● **侧花园**

通路、屏障、建筑物沿线……这些地点与庭院之间的带状细长花坛。

● **层次**

搭配多种花色或叶色时，选择同色系但不同颜色的种类并排组合。

● **插芽**

把茎的前端切掉，插进土里培育新株。

● **插枝**

一种植物的繁殖方法。把枝、茎、叶、根等植物的一部分切下来，插进土里生根，然后就能生出一株新的植物。

● **大谷石**

一种凝灰岩，比重比较轻，石头质地比较柔软，适合用来造型加工。

● **低矮物种**

环境条件改变或植株本身突发变异，导致成长荷尔蒙异常，因此导致植株基因变成低矮的基因。人为操作，使植物高度降低到原有高度一半以下的改良植物，也被称为低矮物种。

● **地被植物**

覆盖在庭院和花坛的地表面，能广阔地延伸生长的低矮植物。通常来说，可以选择多年生草本植物、藤本植物，它们繁殖茂盛，所以不需要花费很多功夫。

● **点睛**

在庭院景色当中，能吸引人注意、成为点睛之笔的植物或物件，例如非常醒目的树木和草花、作为装置摆放在园子里的桌椅等。

● **点睛树**

位于庭院设计的中心，是给整个庭院以及家庭设计加分的点睛之笔。

● **定植**

把种子撒在花盆或苗床上，出苗以后移种到花坛或指定的观赏区域。

● **堆肥**

把落叶、枯草、稻壳等，与家畜的粪便混合堆积在一起，经过发酵、腐败后形成有机肥料。除了发挥肥料的作用以外，还能起到改良土壤的作用。

● **多年生草本植物**

能连续多年生长发育的花草。原本与宿根植物有所区别，但近年来这两个词逐渐通用。

● **方尖塔**

从四角人造石塔演变而来。有些是三角锥形，有些是圆锥形，可以用来让藤本植物攀爬。

● **分蘖**

借助树木的造型或花草的姿态，在地面以下或接近地面处所发生的分枝。

● **分球**

球根上面生出小球根（子球），摘下来以后就能生出新的植物株。分球，即指增加球根的方法，也指分球以后增加株数的过程。

● **分株**

把丛生木本花卉或多年生草本宿根花卉的根际切成若干块。通过对成长得比较大的株进行分割，能增加株数。

● 灌木

本来是指那些与木材相比，只能用来做柴火或煤炭等经济价值比较低的树木，多为阔叶树，但在园艺设计中，多指枫树、槭树、锥树、枹树等落叶阔叶树。为了在家庭庭院中营造山森林的氛围，近年来人气指数不断高升。

● 灌木

低矮的树丛，不高于 2~3 米。

● 护根覆盖

用稻壳和腐叶土等覆盖住植物根部的土壤。防止干燥和严寒，也能预防矮树丛繁殖。

● 化肥

化学合成制造的无机肥，含有氮、磷、钾中的一种或两种成分。因为化肥的成分和分量明确，所以能精准掌握如何给植物施肥。

● 混种

在同一场所种植多种不同种类的植物。

● 钾

钾元素。与氮和磷一样，都是植物生长不可缺少的肥料成分。能够促进根的发育。

● 间隔

配合植物成长，把原本混合在一起的植株、枝条、花苞等摘取开来，日照效果和通风性会更好，植物也会更健康。

● 剪枝

剪切枝条或茎部。其目的在于限制植物大小，改善通风状态和日照程度。同时，为了让植物生长得更健全，也应该定期剪掉不需要的枝条和茎。

● 焦点

位于庭院中央，聚焦视线的亮点。通常，在视野范围内要选择一处焦点。但如果焦点太多，则会彼此影响，令人眼花缭乱。最好在步入庭院后，让焦点陆续映入眼帘。

● 焦叶

喜好半日阴环境的植物被强光直射以后，叶片会像被灼伤了一样发白，这叫作焦叶。如果把在室内生长的植物突然拿到室外接受强光照射，就有发生焦叶的可能。

● 结果

花朵受粉后结出果实，变成种子。

● 景观树

虽然存在感不及点睛树，但也是为了营造整体庭院效果而种植的树木。

● 二年生草本植物

从种子发芽开始，1 年以上 2 年以内开花、结果，然后枯萎的植物。发芽以后的第一年，茎叶和根部发育，然后进入休眠期越冬。第二年的春、夏开花，结出种子以后枯萎。但是，如果气候条件非常严苛，也有可能成为一年生草本植物。

● 绿荫树

枝叶繁茂，以构建树荫为目的种植的树木。

● 埋根

种植树木的时候，让根部周围的土壤略高一些，然后紧固。另外，在树木根部周围种植花草的时候，也需要埋根。

● 密植

种植植物的时候，预留很小的植株之间的间隔。这样一来，日照和通风的效果都不理想，通常应该避免进行密植。

● 耐阴性

即使在阳光照射条件差的地点，也能良好生长的性质。可在树木下面、建筑物影子里等半日阴或全阴地点种植耐阴性强的植物。

● 泥煤苔

把长期堆积在湿地区域的东西干燥、粉碎而成的物质。用于土壤改良。

● 攀爬

主株在地面上蔓延，新生茎叶从主株上伸展开来。茎的前端又生出新生植株，接触到土壤以后就地生根成长。

● 培养土

适宜于植物栽培的品牌土壤。市面上有花卉专用及蔬菜专用的土壤。

● 屏障

在庭院设计的时候，用种植树木或摆放装饰物的方式，遮挡住不想暴露在外的部分。

● 去尖

为促进新芽成长，把枝或茎的顶端剪掉，这叫作去尖。

● 山野草

在山野中自然生长的草或草花、灌木。在园艺当中，特指那些观赏价值高的品种。除了野生植物以外，也包含栽培繁殖的物种。

● 四季花期

在季节变化显著的地方，也没有固定的开放时间。只要气温、日照等条件适宜，一年当中可以多次开花的植物。固定在春、秋两季开花的植物，叫作两季花期。

● 通道

从走进大门到玄关为止的通道。可以说，这部分是整个庭院给人留下第一印象的地方，也是访客通行的必经之路。通道可谓庭院构成的主要部分。

● 徒长

如果水分或肥料过多，或者日照不足，则花草的茎会发育成比较稀疏的状态。如果树木的枝干被修剪得非常短，就会出现生长势头强劲的徒长枝。

● 新梢

新发出来的枝条。

● 休眠

在不适宜生长的严寒和酷暑，植物暂时停止生长的时期。在休眠期对落叶树去尖，能有效避免落叶树在休眠期衰弱。

● 宿根植物

多年生草本植物当中，有些品种的地上部分会在不宜生长的严寒和酷暑期间枯萎。但是根部或者根与萌芽一起，将进入休眠期。当严寒酷暑的季节结束后，嫩芽就会重新开始生长。

● 一年生草本植物

从播种到发芽，从发芽到成长，然后在一年内开花结果，最终枯萎的花草。也有些植物在原生地本来可以存活若干年，但由于不适应移种地点的严寒或酷暑，从而演化成一年生的植物。

● 引导

把植物的枝条和茎叶强行牵引到栅栏、棚架等处固定，进行造型。

● 应季开花

在一年当中，只能在某个固定时期开花的性质。

● 有机肥料

利用鹅粪、牛粪、油渣、骨粉等，从动植物身上取来的原料加工而成的肥料。施肥以后，土壤中的微生物会分解成为无机物质，易于被植物所吸收。虽然见效缓慢，但是可谋求长期效果。

● 育苗

把播种后发芽的幼苗移植到花坛等指定场所。这段时间，请务必及时管理、及时培育。除了那些向来不宜移种的植物以外，我们可以在花盆或苗床等地点进行育苗。

● 园艺品种

对原有植物品种进行人为选拔、中间交配，使其性质发生变化，从而更加适合园艺或农业利用。

● 原肥

种植植物的时候，其成长所必需的肥料成分。为了实现长期的肥料效果，大多数时候使用堆肥等有机肥料。

● 原种

未经园艺品种改良的野生植物。

● 摘花

花开过后，花朵不谢，而作为一朵凋零的残花挂在枝头。摘花，就是指摘掉这种挂在枝头的残花的作业。残花留在枝头，除了不美观以外，还有可能成为植物生病的原因。另外，花开过后开始结果的植物体质较弱，这时候如果摘掉残花，就可以增强植物的体质。

● 摘芯

切掉主干或茎的前端，阻止前端继续生长。树木的主干被摘芯以后，无法继续向高处生长。花草经过摘芯以后，会生出新的侧芽，从而转变为更为圆润的外观形状。

● 针叶树

杉木、雪松等，都是在叶色和树形方面具有很高的观赏价值的针叶树。

● 直接播种

在庭院或花坛里，直接播种观赏植物的种子。适用于不宜移种的植物。

● 植物群落

同种植物被大面积地种植在一起。

● 追肥

在植物成长过程中追加施肥。通常使用立竿见影的肥料。对于生长发育期比较长的植物来说，肥料不足会导致发育延缓；而对于希望其延长花期的花卉来说，肥料不足则会导致不开花。通常，可以间隔10~14天施一次液体肥，也可以每月施一次化肥。

● 自然繁殖

种子成熟后自然落下。繁殖力强的物种，能通过落下的种子自然而然地生长。

● 自生

未经管理的植物，在自然状态下生育、繁殖。

SHUKKONSO TO TEIBOKU DE IRODORU
CHISANA SPACE WO JOZU NI IKASU NIWAZUKURI
Copyright © 2016 K.K. Ikeda Shoten
Supervised by Yoko ANDO
Photos by Tsutomu TANAKA
Illustrated by Izumi HODAI
First published in Japan in 2016 by IKEDA Publishing Co., Ltd.
Simplified Chinese translation rights arranged with PHP Institute, Inc. through
Shanghai To-Asia Culture Co., Ltd.

© 2020辽宁科学技术出版社
著作权合同登记号：第06-2019-68号。

图书在版编目（CIP）数据

自然风小庭院：植物选择与搭配 /（日）安藤洋子
监修；张岚译；李沐知，李忠宇审校 .—沈阳：辽宁科
学技术出版社，2020.5（2023.1重印）
ISBN 978-7-5591-1524-9

Ⅰ.①自… Ⅱ.①安… ②张… ③李… ④李 Ⅲ.
①庭院—园林植物—观赏园艺 Ⅳ.① S688

中国版本图书馆 CIP 数据核字 (2020) 第 022770 号

出版发行：辽宁科学技术出版社
　　　　　（地址：沈阳市和平区十一纬路 25 号　邮编：110003）
印 刷 者：辽宁新华印务有限公司
经 销 者：各地新华书店
幅面尺寸：185mm×260mm
印　　张：10
字　　数：200 千字
出版时间：2020 年 5 月第 1 版
印刷时间：2023 年 1 月第 2 次印刷
责任编辑：康　倩
装帧设计：袁　舒
责任校对：徐　跃

书　　号：ISBN 978-7-5591-1524-9
定　　价：55.00 元

联系电话：024-23284367
邮购热线：024-23284363
E-mail:987642119@qq.com